空管教育概论

（第 2 版）

杨新湦　周　建　刘　昕　吴明功　编著

西北工业大学出版社
西安

【内容简介】 本书根据高等教育基本理论、基本规律和创新发展方向,全面系统地阐述了空管教育的内涵和外延,总结了空管教育的历史经验,分析了空管教育的主要特点和基本规律,研究了空管教育的目标任务、内容方法和实施环节等重要问题,提出了具有鲜明时代特征的改革发展理念和对策举措,初步构建了我国空管教育理论体系。

　　本书可作为高等院校空管专业基础课程教材,也可供从事空管行业的工作人员及有关科研人员参考阅读。

图书在版编目(CIP)数据

　　空管教育概论 / 杨新涯等编著. — 2 版. — 西安：西北工业大学出版社，2022.10
　　ISBN 978 - 7 - 5612 - 8488 - 9

　　Ⅰ. ①空⋯　Ⅱ. ①杨⋯　Ⅲ. ①空中交通管制–高等学校–教材　Ⅳ. ①V355.1

　　中国版本图书馆 CIP 数据核字(2022)第 194465 号

KONGGUAN JIAOYU GAILUN

空 管 教 育 概 论
杨新涯　周建　刘昕　吴明功　编著

责任编辑：杨　军　王心利		**策划编辑**：杨　军	
责任校对：陈松涛　马　丹		**装帧设计**：李　飞	
出版发行：西北工业大学出版社			
通信地址：西安市友谊西路 127 号		邮编：710072	
电　　话：(029)88491757，88493844			
网　　址：www.nwpup.com			
印 刷 者：西安浩轩印务有限公司			
开　　本：787 mm×1 092 mm		1/16	
印　　张：13.75			
字　　数：225 千字			
版　　次：2021 年 12 月第 1 版　2022 年 10 月第 2 版　2022 年 10 月第 1 次印刷			
书　　号：ISBN 978 - 7 - 5612 - 8488 - 9			
定　　价：59.00 元			

如有印装问题请与出版社联系调换

《空管教育概论》编委会

百年大计，教育为本。空管教育是提高空管系统效能的根本途径，是解决好人才结构性矛盾的现实抓手，是军民航空管人在和平时期的基本教育实践活动和中心工作。在航空航天事业和国防军队建设中居于战略地位。谁掌握先进的教育理论、灵活的教育方法、科学的教育手段、高效的教育机制，谁的教育质量就高，空管效能就强，就易在未来空管全球化的进程中赢得主动权，在未来空天战场中夺得控制权。

中央空中交通管理委员会［原国务院、中央军事委员会空中交通管制委员会（以下简称"国家空管委"）］历来高度重视空管人才培养，始终把空管教育摆在优先发展的战略位置。近年来，在国家空管委的正确领导下，空管教育者以习近平新时代中国特色社会主义思想为指导，以航空发展和军队建设人才需求为指引，以整合教育资源、强化院校建设为重点，大力推进空管教育创新发展。新型军民航空管院校体系日趋完善，各教育训练机构的办学理念逐步更新，教育改革持续深化，办学特色更加鲜明，办学条件明显改善，科研创新与服务一线能力不断增强，人才培养质量和办学成效显著提高，空管教育全面建设取得了长足的进步，培养了大批高素质空管人才，为航空发展和军队建设做出了重要贡献。

当前，我国空管系统建设发展步入新时代，正处于任务规划调整期、体制改革深化期和创新发展攻坚期，国内外形势发生着深刻复杂的变化，社会经济的发展和国防军队建设任务的艰巨繁重，对空管教育提出了新的更高的要求。加大投入，深化改革，在新的起点上推进空管教育科学发展成为时代赋予我们的一项重大而紧迫的战略任务。因此，集中军民航空管系统力量，凝聚群众智慧，建立具有科学性、权威性的空管教育理论体系，就显得愈加重要，愈加紧迫。

本书运用历史唯物主义和辩证唯物主义的观点和方法，系统梳理，潜心研究，大胆创新，比较全面系统地阐述了空管教育的内

第 2 版前言

涵与外延,总结了空管教育的历史经验,分析了空管教育的主要特点和基本规律,研究了空管教育的目标任务、内容方法和实施环节等重要问题,提出了具有鲜明时代特征的改革发展理念和应对举措。本书构建了我国空管教育理论体系,填补了我国空管教育领域的一项空白,标志着我国对空管教育规律的认识达到了新的境界。本书将为我国全面提高空管人才培养质量,适应经济社会发展,打赢信息化战争,实现空管建设"三步走"的战略构想发挥重要作用。

感谢国家空管委为本书提供了全额资金资助并组织专家指导工作。

目前,关于空管教育的研究成果和理论资料不多,笔者在时间短、任务重的情况下,克服了重重困难,参阅了大量的相关文献资料,并进行了深入的调查研究,系统思考,研究深入,数易其稿,方形成目前的理论体系。在此,对文献的作者表示感谢!

尽管如此,书中仍难免存在不足之处,敬请广大读者批评指正。

编　者

2022 年 6 月

目录

第一章 绪 论

文化是一个国家、一个民族的灵魂。文化兴则国运兴,文化强则民族强。没有高度的文化自信,没有文化的繁荣兴盛,就没有中华民族伟大复兴。建设教育强国是中华民族伟大复兴的基础工程,这就要求必须把教育事业放在发展的优先位置,加快推进教育现代化,办好人民满意的教育。

我们党历来重视文化,关注教育。多年来,空管教育者始终强调全面贯彻党的教育方针,落实立德树人根本任务,加强师德师风建设,培养高素质教师队伍,提升人才培养质量,发展素质教育。

第一节 空管教育的含义

一、概念

(一)空管教育定义

1.教育的内涵

教育分为广义的教育和狭义的教育两种。广义的教育是指有目的地增进人的知识技能,影响人的思想品德,增强人的体质的活动。无论是有组织的活动或是无组织的活动,系统的活动或是零碎的活动,还是人们在家庭中、学校里、亲友间、社会上受到各种有目的的影响,都是教育。狭义的教育是指根据一定的社会现实和未来的需要,遵循受教育者身心发展的规律,有目的、有计划、有组织地引导受教育者主动地学习,帮助受教育者积极进行经验的改组和改造,促使受教育者提高素质、健全人格的一种活动。

2.空管教育

空管教育包括军民航空管教育,其中民航空管教育是指交通运输(空中交通管制)教育,军航空管教育是指航空管制与领航工程(航空管制)教育,以下统一简称为空管教育。空管教育是指对空管人员、空管学员进行系统空管理论知识和空管应用技能训练的教学和培训活动,目的是培养素质高、能力强的空管专业人才,满足空管行业对人才的需求。空管教育属于狭义上的教育,是教育系统中重要的子系统,既包括全日制教育,也包括非全日制教育、函授教育,以及在职培训等。

(二)世界空管教育

1.国外空管教育

世界各国空管系统均十分重视人才队伍的教育培养,美国、英国、法国、德国和瑞典等航空发达国家都各自形成了比较完善的人才培养模式和运行机制,为本国空管系统发展提供了有力支撑。上述国家的空管教育模式具有以下几个特点:①招收空管学员过程中均有一套严格的选拔机制,这样就在源头上筛选了不适合从事空管工作的人,保证了空管学员的生源质量;②国家层面对空管教育的投入都很大,包括具有丰富一线管制经验的教师、昂贵的教学实验器材、高保真的模拟机设备、高比例的师生比等,教育资源的高投入保障了空管人才培养的高质量;③教育培训机构对空管学员进行层层筛选,高淘汰率为高质量空管人才的输出提供了有力保障。

2.中国空管教育

我国从20世纪50年代就开始了对空管人员的专业教育培训。我国最早的空管及空管教育是由空军组织实施的,以防空作战为主要需求。1979年之前属于军航主导阶段,1979年之后,中国民航大学(原中国民用航空专科学校)开设了航行管制专业,空管教育进入了军民航并行阶段。1993年,我国开始进入军民航联合教育阶段,空军正式开始培养军用雷达空管人员,民航则主要由中国民航大学、南京航空航天大学和中国民用航空飞行学院等院校承担空管人员的基础教育。在此期间形成了五所大学(空军工程大学、海军航空大学、中国民航大学、南京航空航天大学、中国民用航空飞行学院)共同培养管制员的局面"十三五"期间,五所大学共培养输出空管专业本科生8 756名、研究生622名,在职培训管制技术人员和行政干部14 501名。同时,军队和地方其他相关院校为空管系统培养了大量的专业技术和保障人员,源源不断的优质人才输出为空管事业持续健康发展提供了有力的人才和技术支撑。

为了满足军民航空管联合运行需要,从2008年开始,我国在北京航空航天大学、中国民航大学和南京航空航天大学等大学相继开办了面向军民航一线管制技术人员参加的硕士研究生班,初步建立了军民航空管联合培养人才机制,为空管系统输送了一批素质较高、掌握空管新技术的研究型人才。为适应全球空管一体化、空管国际化发展趋势,军民航空管系统定期组织空管人员赴航空发达国家空管培训机构学习培训。同时,我国成功举办多期国际空管培训班,标志着我国空管教育机构已经具备了对外开展空管教育的能力，国际交流合作的人才培养机制逐步建立完善。

为适应航空事业快速发展对空管人才的需求，我国将进一步加大空管教育训练体系建设，增加师资力量，加大基础投入，扩大招生规模，拓宽培训渠道，在现有教育形式的基础上，重点加强集中培训、联合培养、岗位培训、合作交流等方式，培养多层次、高水平空管人才，推动我国空管事业达到世界领先水平。

二、目标

(一)教育和高等教育目标

教育的目的是指培养人的总目标，它回答了把受教育者培养成为什么样人的根本问题，是教育实践活动的出发点。习近平总书记指出，要坚持教育为人民服务、为中国共产党治国理政服务、为巩固和发展中国特色社会主义制度服务、为改革开放和社会主义现代化建设服务。《中华人民共和国教育法》规定，教育必须与生产劳动和社会实践相结合，培养德、智、体、美、劳等方面全面发展的社会主义建设者和接班人；教育应当坚持立德树人，对受教育者加强社会主义核心价值观教育，增强受教育者的社会责任感、创新精神和实践能力；国家在受教育者中进行爱国主义、集体主义、中国特色社会主义的教育，进行理想、道德、纪律、法治、国防和民族团结的教育。

《中华人民共和国高等教育法》规定，高等教育必须贯彻国家的教育方针，为社会主义现代化建设服务、为人民服务，与生产劳动和社会实践相结合，使受教育者成为德、智、体、美、劳全面发展的社会主义建设者和接班人。高等教育的任务是培养具有社会责任感、创新精神和实践能力的高级专门人才，发展科学技术文化，促进社会主义现代化建设。高等教育要为国家实现"两个百年目标"提供强有力的人才支撑和智力支持，中国的高等教育要跻身于世界高等教育强国之列，这就是中国高等教育的奋斗目标，是所有高等教育者的使命和责任。增强使命意识，对高等教育从业人员至关重要，我们要有一种更加昂扬向上、为实现宏伟目标而奋斗的精神追求，要更加清醒地认识高等教育现实中的差距，要更加准确的把握工作的着眼点和立足点，要在具体工作中有更加脚踏实地、不懈努力、一步一个脚印去实现目标的工作作风。

(二)空管教育目标依据

我国的空管教育体制经历了由空军统一组织实施到军民航并行组织实施两个历史阶段，满足了我国空管历史发展的需要。随着我国航空事业飞速发展，空中飞行活动日益增加，空管、空防任务不断加重，空管技术快速更新，这些对空管人员的素质提出了更高需求，对空管教育的目标提出了更高要求。空管教育是高等教育的重要组成部分,确立空管教育的目标是培养空管人员的前提,是更好服务高等教育的有力支撑。只有确立与时代相适应的空管教育目标,才能使空管教育有的放矢、有章可循。只有立足空管教育内在机制的目标导向以及国防建设、经济发展的外在需求,才能确立空管教育的目标。空管教育的目标体现着空管教育的思想和理念,包含教育培养规格、课程体系、组织培养的方式和途径、教育管理和评价等基本要素。

(三)空管教育目标定位

空管教育目标的定位是对空管教育培养出的人才规格进行界定和规范的过程。随着空管的快速发展,空管教育与空管行业结合愈发紧密。空管教育无论是理念、方法,还是途径都发生了巨大变化,呈现出许多新特点。空管教育目标定位主要考虑两方面因素:空管教育的性质及任务,即空管教育在空管领域所处的地位,承担的职能和任务;空管行业对人才的需求,即空管岗位对空管人员素质、知识、技能等方面的具体需求。综上,空管教育目标的确立,既应满足国防建设、经济发展的需要,又须遵循高等教育的客观规律。

(四)空管教育目标特征

空管教育作为培养空管人员的一种社会活动,其目的是培养德才兼备的、适应我国空管发展需要的专业化高素质人才。良好的空管教育目标,应具有以下两方面特征:能集中反映我国的教育目的,体现社会主义办学方向,与军民航发展的总体水平相一致,符合"空防安全,飞行安全有序及管制服务不间断性"等空管运行目标;必须符合受教育者的身心发展规律,促进个人全面、和谐的发展,塑造出具有高度主体性、创造性、独立性和自主性的军民航所需要的空管人员。确立科学、客观的空管教育目标,必须具备上述特征,才能满足国防建设和经济发展等需要。

(五)空管教育目标确立

根据空管教育目标的依据、定位及特征,确立空管教育的人才培养目标。民航空管教育的目标是培养底蕴深厚、知识复合、面向国际的空管应用和研究型人才,使学生具有较强工程实践和创新能力,富有社会责任感;培养高素质、强能力、国际化的高级工程技术与工程管理人才,满足教育部和民航局对空管行业从业人员管理的双重要求。军航空管教育的目标是培养满足管制员第一任职岗位所需要的基本知识和基本技能,同时考虑管制员后续成长所需要的理论知识。空管学习者通过学习应当具备熟练的专业技能,熟悉空中交通管制业务、飞行情报业务,具备良好的沟通能力、协调能力、语言表达能力等,具备特殊时期特定空域涉空活动的空管保障能力。

三、任务

空管教育的任务是指空管教育的责任和使命,是空管任务在学校教育中的具体化。它由空管的目的、作用和价值决定。空管教育的特点,是空管不同于其他教育的特有属性,反映了空管训练的内在规律性。空管教育规律是空管教育构成要素之间内在的、必然的相互联系。空管教育规律蕴藏于空管这一客观事物的内部,不以人的意志为转移,决定着空管的发生、发展过程。空管教育主要是为培养适应空管建设的高素质新型空管人才的教育,目标是培养输出从事空管相关职业的专门人才。从总体上来讲,空管教育的主要任务包括一般任务和特殊任务。

(一)一般任务

1. 一般任务内涵

一般任务是指空管教育作为通用教育而必须承担的通用任务,即在空管教育中要体现一般意义上的教育规律。也就是说,在空管教育中体现的关于通用范畴意义上教育的知识、学说和理论都属于空管教育一般任务的范畴,其最根本的是通过教育促进人的成长和发展。

空管教育作为高等教育的一种类型,是通过培养人才来促进空管建设发展的,它的主要职能是培养空管所需的各级各类专门人才,为发展空管科学技术、空管建设发展提供咨询和服务。因此,空管教育体现着教育的通用属性和一般任务。教育学作为一门严格的科学,以发现问题和提出问题为起点,重点在于解决教育问题并提出新的问题,强调的是对一切教育现象的研究。空管教育是对空管教育现象中存在的教育理论问题和实践问题的研究,其目的在于总结空管教育经验,解释空管教育的一般规律,探究空管教育的原则和方法,预测其发展趋势,从而形成关于空管教育的知识和理论体系,并用以指导和规范教育实践。

2. 一般任务包含的"三重任务"

空管教育的首要任务是完成育人使命,是将一定的外在空管教育内容向受教育者主体的转化,实现空管知识和文化的传递,促进空管学习者个体身心发展,促进空管受教育者个体的社会化和职业化。因此,作为培养空管人员的空管教育,要向学习者传授空管知识和技能,还要把对学习者进行道德教育放在重要位置。道德教育可以通过健全学习者的人格,提升他们的思想品德和修养,促进学习者身心的全面发展。现代高科技的迅速发展要求学习者具备扎实的文化功底,沉稳的个性,强烈的责任心和使命感,坚强的意志力和敏锐的思辨力。为适应新时代发展的需要,空管教育始终要注意培养学习者这些方面的能力素质。

除了上述任务之外,空管教育还有"空管建设"和"空管院校发展"两项拓展任务。空管建设和空管院校发展并不冲突,两者是有机融合的关系。作为以培养人才为中心的空管院校,要遵循高等教育的客观规律,在教育方向、服务定向、政治思想建设等方面必须与国家建设的大政方针保持高度一致,在学科建设、教学建设等方面服从于国家高等教育的基本标准。同时,作为空管建设发展的重要支撑,空管院校发展必须满足空管建设发展的客观需求。按照教育的基本规律,前者属于内部规律,后者属于外部规律,两者相辅相成。空管教育既是教育的一种类型,是高等教育的重要部分,更是空管事业发展的重要支撑。

(二)特殊任务

空管作为一种特殊的职业,它对从业人员有相当高的要求。空管教育的特殊任务的主要目的是使空管学员通过理论知识学习和实习实训,牢固掌握空管相关知识及技能,提高空管技术运用能力,使空管学员成为一名优秀的管制员。空管人员的主要工作内容是对航空器飞行活动进行管理、监督和控制,维护领空安全和飞行秩序,主要包括:防止空中的航空器与航空器之间相撞;防止航空器与机动区内的航空器、车辆相撞;防止航空器与机场及其附近空域内的障碍物相撞;维护空中交通秩序,保持有序的空中交通流量,以此来保障空中交通畅通,保证飞行安全和提高飞行效率;为保障安全有效的飞行提供有用的情报或建议;通知有关部门遇险航空器的情况,协助完成搜集与救援工作等。

空管教育还承担着培养和提高空管人员从业能力这项特殊任务,即培养和输送一大批优秀的空管人才。空管人员的从业能力主要包括专业能力、岗位胜任能力、拓展能力三个方面。

1. 专业能力

在专业能力方面,培养具有较强空管专业能力的空管人才是空管教育的首要任务。一方面,空管教育应该明确各种空管岗位需要什么样的知识、能力和素质,专业设置、人才培养方案、教学内容等都必须紧紧围绕岗位需求来设计,根据空管专业的特点设计空管人才能力目标;另一方面,教学过程应紧紧围绕岗位能力需求来开展,采用情境教学、案例教学、目标牵引教学、任务教学等教学方法,教学评价必须以满足能力需求为基本评价标准,增强教学的针对性和有效性。

2. 岗位胜任能力

岗位胜任能力是指空管从业人员在任职岗位上、专业领域内,从事本职岗位所需要的能力,它是知识和技能的综合,是空管岗位任职的核心能力。空管岗位胜任能力主要包括以下几个方面:

首先要具有过硬的身心素质。在实际工作中,管制员要对各种飞行状况进行迅速合理的判断,做出及时有效的处置,这不仅仅要有丰富的工作经验和良好的职业技能,更要有过硬的心理素质。由于飞行活动复杂多变,任何差错都有可能导致飞行事故的发生,尤其是还需要及时处理一些非常规情况。这些岗位特点对管制员的知识技能、身体素质和心理素质提出了更大的挑战,因此,空管工作的性质决定了空管人员必须要有过硬的身心素质。

其次要掌握空管新技术。空管行业运用了大量先进技术,对从业人员的技术应用能力要求较高。实用技术和应用技能培养要突出专业性、应用性和技能性,既为空管学习者上岗任职提供坚实的学习平台,又为其未来发展创造空间,真正做到学习者经空管教育培训后上岗有优势,创新有能力。发展有空间。空管人员要紧随空管技术和相关学科的发展脚步,具备较强的技术适应性。

最后要具有国际交流能力。民航运输的国际性要求空管人员具有国际交流能力。我国空管岗位要求学员必须具备一定的英语能力,一般来说空管学员英语能力应达到国家大学六级以上水平或 ICAO(国际民用航空组织)英语四级以上。

3. 拓展能力

(1)个体发展能力。空管人员的个体发展能力主要是指一名合格的管制员应具有的能力,包括评估决策能力、情绪控制能力、应变创造能力、预测统筹能力、立体感知能力等。较强的个体发展能力主要从两方面实现。一方面,空管学员应不断巩固既有知识,不断学习新知识,打牢业务和专业基础,熟练掌握空管理论及飞行相关知识。管制手段和管制方式的不断更新升级,高精尖技术和设备在管制工作中的大量使用,这都要求管制员具备扎实的理论基础和精湛的管制技术,透彻地理解管制规则和程序,从而能在各种情况下做到有条不紊,应变自如地化解飞行矛盾。另一方面,空管学员要积累一定的飞行调配经验,培养辨明和分析飞行矛盾的意识和能力。因为管制员在管制指挥时需要提前预测可能存在的飞行冲突,这就要求空管学员在实习过程中善于总结和积累经验,不断提高完善自己,一旦发生非常规情况应能及时做出反应,在最佳的时机对问题进行合理处理。

(2)快速的应急处置能力。快速的应急处置能力是指空管人员在工作过程中能够发现、分析解决应急事件,善于利用有效的管制手段来保障领空安全和飞行活动安全的能力,主要包括应变创造能力和信息处理能力。一方面,空管人员的工作是极其复杂的。在管制指挥过程中,外界环境发生变化时,空管人员做出的反应可能是本能的,也可能是经过大量思考所做出的决策。空管人员必须统筹规划和协调各项工作,做到有条不紊,保证各项操作和信息的传送都正确无误。空管教育应培养管制员在空中交通状况和其他状况的变化中产生创意和策略的能力，使其能够做到审时度势，随机应变。另一方面，信息化的发展延伸到空管领域是对管制员的另一挑战。新时期的空管人员应具备熟练的计算机操作能力和信息处理能力，特别是对数字的敏感性和辨别能力。管制员在管制指挥过程中，需要处理大量的数据和信息，如：航空器编号，航班号，航路代号，航空器的速度、高度、航向以及无线电频率等，空管人员既要对这一系列的数字信息快速反应，又要有很强的辨别力。

（3）社会情感能力。社会情感能力主要是指空管人员的语言表达和沟通协调能力。首先在语言表达方面，其语言表达水平要达到国家标准，发音正确，口齿清楚；在逻辑思维方面，要求具备严密的逻辑性，具有较强的逻辑推理和判断力。由于管制工作的特殊性，管制工作过程中需要管制员语言表达准确，词意明白，语句简洁，能把需要传达的信息表述得清晰、准确、连贯、得体，这是管制工作顺利和有效开展的重要条件。其次，空管人员要有沟通协调能力，空管不是一个人就可以完成的工作，需要多人配合、团队合作，而且在管制指挥过程中，空管人员也需要与航空器驾驶员和地面的工作人员进行良好的沟通协调，需要将各种资源、各种关系、各种因素、各个环节整合起来，达到空管安全运行目标。因此，沟通协调能力是一名合格管制员应该具备的必要素质。

四、类型

（一）基于教育机构的分类

空管教育按照教育机构不同可分为空管学历教育和空管非学历教育。

1. 空管学历教育

空管学历教育是指空管学习者接受正规高等学历教育，由所在高等学校或者经批准教育任务的科学研究机构根据其修业年限、学业成绩等，按照国家有关规定，颁发相应的学历证书或者其他学业证书。空管学历教育分为专科教育、本科教育和研究生教育，当前我国已经取消了空管专科层次的教育。空管本科教育应当使学生比较系统地掌握本专业必需的基础理论、基本知识，掌握本专业必要的基本技能、方法，具有从事本专业实际工作和研究工作的能力；空管硕士研究生教育应当使学生掌握本学科坚实的基础理论、系统的科学专业知识，掌握相应的技能、方法和相关知识，具有从事本专业实际工作和科学研究创新工作的能力。目前我国还未开设空管博士研究生教育，从理论上来讲，博士研究生应当使学生掌握本学科坚实宽广的基础理论、系统深入的专业知识、相应的技能和方法，具有独立从事本学科创造性科学研究工作和实际工作的能力。我国的空管学历教育采用指定方式实施管理，目前能够开展空管学历教育的专业机构有空军工程大学、海军航空大学、中国民航大学、南京航空航天大学、中国民用航空飞行学院等五所院校。

2. 空管非学历教育

空管非学历教育是指学习者接受非学历高等教育,由所在高等学校或者其他培训机构颁发相应的空管结业证书或培训证明等。非学历教育包括空管基础教育培训和空管岗位教育培训,空管基础教育培训通常采用"管制+1"的形式,是岗位教育培训的前提,空管岗位教育培训是学习者进入空管单位进行的在岗管制培训。我国民航局专门发布了《民用航空空中交通管制培训管理规则》,对非学历教育实施严格管理,并对培训机构的资质提出了具体的要求:①具有健全的培训管理制度。包括学员管理制度、教员管理制度、教学管理和考核制度、教学设施设备管理制度和档案管理制度;②具有与开展培训种类和规模相适应的专职管理人员和教学人员;③具有固定的、满足开展培训种类和规模要求的场地和设施;④具有与开展培训种类和规模相适应的教学及模拟设备;⑤具有符合培训大纲要求的管制培训教材;⑥具有有效的管制培训质量管理制度。

目前能够开展"管制+1"的专业机构有中国民航大学、南京航空航天大学、中国民用航空飞行学院,上述三所学校。自2017年开始管制情报基础培训需求成倍增长,人员基础能力要求差异化特征增强,民航局依托空管系统,相继在西北空管局培训中心和东北空管局培训中心开展了支线机场和空管系统"管制+1"培训试点。岗位教育培训主要依托七大空管局培训中心、三所民航高校、试点单位等部门开展教育培训工作。军航空管非学历教育包括"2+2"生长干部学历教育培训、军航在职岗位培训;军航在职岗位培训又包括多种军航空管岗位培训,主要有在岗培训、换装培训、管制业务提高培训、英语培训、换岗培训、战时航空管制培训、继续教育和军民航交叉培训等。

(二)基于教育阶段的分类

空管教育按照教育阶段不同可分为空管基础教育和空管在职教育。

1. 空管基础教育

空管基础教育又称为空管养成教育,是对空管学员的素质和能力进行有目的、有计划、有组织的管制基础培训,它是空管各种教育培训的基础。通过地方高考和军队统一选拔考试,经体格检查、面试以及必要的审查,合格者成为基础教育学员,经过系统的专业教育培训后,考核合格的学员方可取得空管相关专业学历、学位和职业资格。

2. 空管在职教育

空管在职教育是为提高空管行业在职人员专业技能而进行的培训活动,侧重于实践技能和实际工作能力的培养,分为在职学历教育和在职培训。①在职学历教育,即以在职人员的身份报考、学习、考试,通过考试后进行脱产或半脱产学习,如工程硕士等。②在职培训,有的也称岗位培训,目的是使受训者具备或提高在管制岗位工作的能力与资格。在职培训按培训方式分为课堂教学、模拟操作和实地操作。在职培训按性质分为两大类:军航在职培训包括在岗培训、换装培训、管制业务提高培训、英语培训、换岗培训、战时航空管制培训、继续教育和军民航交叉培训等;民航在职培训包括上岗前培训、资格培训、设备培训、熟练培训、复习培训、附加培训、补习培训和追加培训等,所有培训对培训时间、内容及考核均有相应要求。

(三)基于教育对象的分类

空管教育按照教育对象的不同可分为军航空管教育、民航空管教育和军民航交叉培训。我国的国家空管系统由军航空管系统和民航空管系统组成,但是这两个系统并不是完全独立运行,而是相互联系和合作,共同担负着国家的整体空管教育任务。

1. 军航空管教育

军航空管教育是服务于军队建设目标需求,专门培养军航空管人员的教育培训,更加突出空域整体管控能力训练,强调受教育者的指挥协调、应急处置、战场管控等能力素质,重点强化受教育者的空域管控协调能力。我国已经构建了以空军工程大学和海军航空大学为主要力量,本科、研究生学历教育和任职培训、各类在职培训有机结合的军航空管教育培训体系,形成了日常航空运行管理、空域管理、流量管理、空管法规标准和战场管控为主体的一体化培训模式。空军工程大学和海军航空大学均开设了航空管制与领航工程(航空管制)本科专业,培养航空管制领域的指技复合型军航空管人才。

2. 民航空管教育

民航空管教育以满足民航业持续发展对空管人才的迫切需求为目标,以中国民航大学、南京航空航天大学、中国民用航空飞行学院等学校为主要力量,以学历教育和"管制+1"为主要模式,以交通运输专业为主要领域,形成了由空管局、民航院校及各空管机构协同管理的教育培训体系。

军民航交叉培训旨在满足军民航协同发展目标需求,持续推进空管教育体制机制改革,依托军民空管教育资源,建立军民航联合办学机制、军民航管制员交叉培训机制,重点培养研究生以上学历的复合型、融合型空管人才。

(四)基于教育方式的分类

空管教育按照教育方式不同可分为空管理论教育与空管实践教育。

1. 空管理论教育

空管理论教育主要包括基于素养导向的通识教育和基于知识导向的专业理论教育。当前我国高校空管专业开设的通识教育课程主要包括人文社会科学课程、数学和工程技术科学等课程。人文社会科学课程主要指通识的社会科学知识,数学和工程技术科学课程主要是指数理基础、计算机等科学技术课程。专业理论教育主要包括工程基础理论课程、专业基础知识课程、专业知识课程三部分。军航空管理论教育主要学习系统科学与技术、管理科学与工程、军队指挥等学科基础理论。

2. 空管实践教育

空管实践教育主要包括基于能力导向的空管专业实践教育,空管数学建模与课程设计、航空中人的因素实验、陆空通话 CBT、非常规无线电英语通话、机场管制模拟训练、程序管制模拟训练、雷达管制模拟训练、空中领航实践、航空情报服务与航图实践、空域规划课程设计、航空气象实践、交通运输生产实习等实践教学环节。军航空管实践教育主要包括领航筹划、指挥引导、作战管理和作战评估等实践训练。

五、意义

空管教育是社会变迁、军民航转型的重要领域,与社会结构的调整、转型和发展紧密联系。空管教育对促进我国军民航事业全面、协调、可持续发展,对提升空管人员队伍的整体素质、能力和知识,对实现"空防安全、飞行安全、飞行有序性和管制服务不间断性"的空管目标等方面具有重要的意义。在当前国家战略利益深度拓展、战争形态深刻变化、军民航迅猛发展的全新历史时期,国家空管体系职能使命责任、管理对象、目标要求和方法手段都发生了深刻变化,其内涵和外延不断丰富。空管教育必须主动适应国家、军队的发展变化,积极面对和处理技术发展以及形势任务等带来的新情况、新问题,为空管各岗位输送高素质空管人才。

(一)提高我国空域使用率的迫切要求

空域是国家领空的一部分,具有主权属性。它是进行空中军事活动和航空运输以及保卫国家领土主权与国家安全的重要领域。同时,空域又是自然资源的一种,具有资源属性,是国家资源的重要组成部分。在保证国防安全和航空安全的前提下,国家应从维护公众利益,促进经济社会发展的高度,加强空域管理,科学配置空域资源。

我国空域资源分布不均,经济发达地区机场密布,空域狭窄,航路航线纵横交错;民航开辟的航线增加,航线上机型种类多,飞行流量大,出现了军事飞行区域与民航航线相互交叉的情况,增大了军民航飞行冲突的概率。许多航路航线穿越军事飞行空域,管制调配难度增大。同时,由于受诸多因素制约,空域分类问题还没有完全解决。我国日益增长的空域用户需求与空域资源有限性之间的矛盾异常突出,飞行冲突和危险接近的现象有时难以避免。空域管理理论是对国家空域资源进行合理规划、配置、开发和管理的重要依据,是空域战略管理层正确决策的客观基础。在空域管理方面,空管教育应加强空域容量评估理论及数学建模、航空器安全间隔标准评估理论、航路规划与设计理论、终端区划设理论和方法、自动化飞行调配理论与技术、空域灵活使用等方面的研究,用科学理论对空域资源进行合理地规划与管理。同时,实施统一的空管教育可以加强军民航空管人员的管制指挥与保障能力,充分发挥人的主观能动性,通过改善管制方式与方法、统一管制标准和程序,提高管制技能,增强管制效率,增大飞行流量,最大限度地提升空域利用率。

(二)提高军民航飞行安全的人力资源保障

空管具有天然的军民融合属性,空管的理论、技术、设备、法规标准以及空管人员都有较强的军民融合性、通用性。从世界范围来看,各国的航空活动都有军事飞行与民用飞行,由于民用飞行和军事飞行分别反映了国家经济建设和国防安全建设的需求,是国家建设事业全面、协调和持续发展不可分割的两个方面,军民航空管主体联合运行,军民航空管活动交织进行,军民航空管信息共享互通,同一片蓝天下的空管活动联系紧密,不可分割。我国与世界100多个国家和地区互通国际航班,航空运输量仅次于美国,居世界第二位,每天有2 000多架次的进出境航班飞行,需要与各国空中交通管制系统根据国际航空协定和双边协议协调航班计划,提供空中交通管制服务。2019年,我国航空运输总周转量1 293亿吨千米,空管保障航班起降能力达到1 166万架次。从历次非战争军事行动空管保障实践以及重大活动军民航空管协同的默契与舒畅程度看,空管人员知识结构、思维模式上的差异对空管保障效率的影响大于机制和设备等因素。

空管系统在推动国家经济发展,加强国防建设的过程中,其首要任务是确保领空安全和飞行安全,保障人民群众生命财产的安全。我国中西部地区如成都、昆明、西安等地飞行流量呈快速增长势头。随着我国国际地位的提高和国家建设的需要,我国专机和重要飞行任务逐年增加,各种专业飞行和航空体育飞行数量急剧增加,使用的航空器种类繁多(各型飞机、直升机及飞艇、热气球等);随着实战化军事训练的不断深入,航空兵部队训练任务日益繁重,活动空域范围增大,呈现全时全域状态。军民航飞行活动的日益增多,将加剧军民航的飞行矛盾,对保证飞行安全带来严峻挑战。目前,军民航双方在组织机构、法律法规、设施标准、空域管理、人员培训、管制指挥等环节上还存在着一些差异。因此,空管人员在保障飞行安全中扮演着极其重要的角色,必须通过空管教育提升管制员的战略思维层次,进一步强化空管教育的教学深度和广度,实行科学的军民航空管运行模式,提高空管人员的主观能动性,进一步提高军民航飞行安全性。

(三)建立现代空管人员队伍的客观需要

当前,空管领域正在发生广泛而深刻的变革,面对风起云涌的空管理论、技术、机制等变革浪潮,国际民航组织(ICAO)、美国联邦航空局(FAA)、欧洲航行安全组织(EUROCONTROL)等民用航空组织和机构,以及美军、澳大利亚国防军等军事机构,不断推出空管的新理念、新技术。如国际民航组织加强新技术新概念的验证和新理论的研究,提出了航空系统组块升级计划(ASBU)空管新理念与新技术,美军制定了《联合空域控制条令》《作战地带空中交通控制条令》等条令文件,引领世界军民航空管理念、技术和装备的发展,撬动空管建设转型。

空管教育只有准确把握时代发展脉搏和发展趋势,针对航空事业飞速发展的关键时期所面临的复杂形势,持续推进理论创新、科技创新、实践创新,为空管建设输送大批高素质人才,才能完成空管教育的时代使命和责任。科学的教育目标和理念是我国空管队伍建设的迫切要求和行动指南。随着空管运行机制的不断完善,军民航的管制手段、协调方式等将发生重大变化。一是面对当今航空事业迅猛发展的趋势,空管技术不断更新,自动化程度不断提高,管制理念需要创新,管制方式需要改进;二是面对实战化军事训练的不断加强,军事飞行活动不断加大,对空管人员的快速反应、协调等能力提出了更高的要求。因此,为适应空管形势发展,深化空管教育创新理念,坚持空管教育的思想导向,根据国家空管建设的总体要求,把我国空管队伍的建设纳入国家发展的大潮中,既要扩大开放,又要立足自主创新,才能有效解决我国空管建设面临的各项现实问题。

空管教育的理念是以人为本,是把人作为宝贵的资源和财富,把人作为一切活动的出发点和归宿。通过空管教育,为空管岗位培养塑造出大批高素质的空管人才,充分发挥人的作用来满足空管建设的需求,把空管人员置于飞行安全工作的核心地位。确定现代化空管队伍的主导地位是空管建设的根本,深入实施科技兴业战略和人才强国战略,强调人才超前教育,强化"宁让人才等设备,不让设备等人才"的意识,以贴近实际并前瞻的谋略培养"高智多能"的宏观人才。创造人尽其才的环境,使人力、物力和信息资源实现有机整合,充分发挥"人—机系统"的整体效能,并通过卓有成效的管理活动来激发和调动空管人员工作的主动性、积极性和创造性。通过教育来促进空管建设全面发展,以适应飞行流量的持续增长,为未来空管新技术发展提供智力支持。

推动现代化空管队伍建设,加强空管教育的创新力度,探索我国空管队伍建设过程中所遇到的新问题,是我国军民航建设全面协调可持续发展的坚强支柱。把握空管教育、空管队伍与空管行业发展的内在联系,加强宏观筹划,能够促进军民航协同建设与发展,实现军事战略与国家战略相协调,使我国空管队伍有能力为空防安全和飞行安全提供强有力的保障,为维护国家利益提供有力的战略支撑。为此,必须重视空管队伍建设的战略筹划和顶层设计,注重谋大局、抓统筹、求实效,确保我国空管队伍建设全面协调可持续发展。

第二节　空管教育的要素

空管教育要素是指构成空管教育的必要因素,主要包括空管教育者、空管学习者、空管教育内容、空管教育方法和空管教育环境。

一、教育者

空管教育者是空管教育组织实施者的统称,是空管教育的主导要素,既是确定空管教育培养目标、制订空管教育计划、选定空管教育内容、组织空管教育准备、指导空管教育实施的亲力亲为者,又是发现和解决空管教育问题的责任人。空管教育者也是有目的地、系统地对空管学习者施加身心影响的人。空管教育主要有两种类型,一是空管基础教育,二是空管在职教育。因此,空管教育者由学校教师和专业培训者两部分组成。其中,空管基础教育学校教师在聘用形式上有专职教师和兼职教师的区别。综上所述,空管教育者包括学校教师(专职教师、兼职教师)和在职培训教师。

(一)空管教育者的资格

我国民航局发布的《民用航空空中交通管制培训管理规则》(简称《规则》)规定了基础培训和岗位培训教员的资质要求。基础培训教员应当符合下列 5 项条件:①爱岗敬业,责任心强,乐于教学,对受训人的表现评价客观、公正;②善于总结、概括空管知识与技能,有良好的沟通、组织、协调和语言表达能力;③具备理论和模拟机教学的技巧和能力;④持有民用航空空中交通管制员执照;⑤在管制岗位工作或者在管制培训岗位辅助工作 1 年以上。《规则》第十条规定,基础培训教员由管制培训机构统一聘任、管理。管制培训机构应当及时将教员聘任情况报民航局和所在地区管理局备案。

《规则》提出的岗位培训教员应当符合下列条件:①爱岗敬业,责任心强,能够客观地对受训人的表现作出评价;②持有有效空中交通管制员执照,具有 5 年以上空中交通管制工作经历;③在教学内容相关的管制岗位工作 2 年以上;④有良好的组织、协调和语言表达能力;⑤业务技能熟练,此前连续 3 年未因本人原因导致严重差错(含)以上事件。《规则》第十九条规定了管制单位岗位培训教员由本单位聘任,报民航地区管理局备案。

(二)空管教育者的任务职责

1.专职教师的任务职责

专职教师主要的任务职责是执行学校教育任务。教育规定了学校教师要促进学员的全面协调发展,学会认知,学会做事,学会生存。这就表明专职教师的基本职责有三个方面:一是引导学习者构建知识体系,学校教育最重要的使命之一就是帮助学习者学会认知,学校教师不是把理论知识灌输给学习者,而是作为引导者,通过介绍、启发和辅导等形式激发学习者自主形成知识体系;二是辅助学习者形成专业能力,空管是实践性很强的专业,假如学习者掌握了理论知识而不能实践运用,那么就表现为"纸上谈兵",缺乏"做事"能力,因而专职教师要及时地为学习者提供知识运用的机会,督促学习者运用理论知识解决实际问题;三是培养学习者的生存能力,空管人员不仅要具备扎实的理论知识和专业技术能力,还需具备分析问题、学习和沟通能力等综合素养,学校专职教师作为学习者的初级培养者,应通过空管模拟训练和专业教学活动帮助学习者逐步形成这些综合素养。在上述三个职责的教育过程中,教师最为核心的教育就是"德"的教育,教育就是"教知识,育人才"。构建知识体系、形成专业能力、学会生存能力都是在教知识和育人才,德的教育贯穿教知识和育人才的全过程。教师通过自身的师德修养,向学员宣传空管战线上的典型事迹、模范人物,介绍空管的创业历程,在传授知识的过程中潜移默化地影响学员,在润物细无声的过程中增塑学员的品德修养。

2.兼职教师的任务职责

兼职教师主要的任务职责是辅助和配合专职教师的工作。在培养方案的制定和实施上,专职教师和兼职教师既有合作又有分工。在合作方面,他们共同制定各层次空管人员的培养目标、培养标准和培养计划,共同设计课程体系和教学内容,最终共同评价培养质量。在分工方面,专职教师和兼职教师分别负责制订校内培养计划和企业(部队)培养计划,校内学习阶段和企业(部队)学习阶段学员的培养和考核。在教学工作上,专职教师主要承担专业基础课和理论性强的专业课的教学任务,兼职教师主要承担实践性强的专业课的教学任务以及开设工程专题报告。在指导学员上,校内专职教师和企业(部队)兼职教师分别担任校内导师和企业(部队)导师,联合确定本科毕业设计题目或研究生学位论文选题,联合指导本科毕业设计或研究生学位论文。

3.在职培训教师的任务职责

空管在职培训的目的是使受训者具备或提高在空中交通管制岗位工作的能

力与资格。受训者完成空管基础教育后,方可参加在职培训,因而在职培训教师的主要任务职责有两个方面:一是通过真实工作环境实习促使受训者巩固和运用空管基础教育所学的知识,形成空管实践能力;二是通过提高培训来完善受训者的综合专业素养,不仅要提高他们的空管专业能力,使他们的专业能力更加熟练,更加广博,还要注重培养受训者的空管职业精神和职业道德,让受训者通过"做中学"体悟团结协作的重要性,养成谨慎的工作态度,形成良好的职业习惯。

(三)空管教育者的特点

空管教育者具有权威性、主导性和层次性。

首先,空管教育者的权威性主要体现在以下三个方面:一是空管教育的目的、内容、方法、时间、环境和标准等,由空管教育者依据教育大纲和教育客观条件决定;二是空管教育者按赋予的权限可以视情况适时调整教育目的、内容、方法、时间和环境等;三是空管教育者有权对受教育者进行检查、督导、考评。

其次,空管教育者的主导性贯穿于空管教育的全领域、全过程。空管教育前期的主导性,在于制定、修订空管教育法规、制度和计划,明确空管教育指导思想、原则、教育内容、方法步骤,以及保证教育质量的措施;空管教育中期的主导性,在于因人、因果、因时、因地实施教育,充分发挥空管教育学习者的主观能动性,跟踪督导抓落实,抓服务保障,抓效果质量;空管教育后期的主导性,在于组织进行空管教育总结,从空管教育各方面各环节找问题,研究对策,实施精神与物质统一的奖励激励,以推动空管教育良性循环。

最后,空管教育者的层次性主要表现在三个层次,即学校专职教师、兼职教师和在职培训教师。三个层次的教育者承担不同的分工:专职教师重在培养学习者的理论知识和专业基础知识,为后续学习奠定扎实的理论基础;兼职教师重在培养学习者的专业运用能力;在职培训教师重在培养学习者的综合实践能力,增加学习者的实践性经验。三个层次的教育者对于空管学习者每个阶段的学习都非常重要,他们的教学活动共同构成完整的空管教育体系。

二、学习者

空管学习者是指接受空管教育的个人。我国空管教育体系的层次结构随着航空事业的发展逐步完善起来,其教育培训对象宏观上分为军航空管人员和民航空管人员。空管学习者是空管教育直接作用的主要对象,也是达成教育目的、落实训练质量的主体要素。

(一)空管学习者的选拔

成为正式的空管专业人员不仅需要接受严格的空管教育,而且在成为空管学习者之前有着严格的选拔过程。世界各国报名受雇的管制员都必须经过严格的考试、体格检查、安全调查,合格者经航空学院筛选后进入专业培训机构,统一接受专业培训和考核,学员毕业淘汰率达 25%。在我国,以中国民航大学 2021 年度招生简章为例,交通运输专业对报考学生每眼矫正视力规定了最低要求,同时色盲、色弱考生不允许报考。空军工程大学规定学生裸眼视力不低于 4.5,且矫正视力不低于 4.9 等。我国民航局还发布了《民用航空人员体检合格证管理规则》《空中交通管制员体检鉴定医学标准》,对从事空中交通管制人员的身体条件进行了限制。同时,我国民航局发布的《民用航空空中交通管制培训管理规则》规定,参加管制基础专业培训的受训人应当满足以下条件:①具备从事管制工作的身体条件;②大学在读或者毕业;③具备从事管制工作的心理素质和能力;④能正确读、听、说、写汉语,口齿清楚,无影响双向无线电通话的口吃和口音;⑤具备一定的英语基础。

(二)空管学习者的任务

1. 掌握理论知识

空管学习者除了掌握基础教育要求掌握的数学、物理、外语、计算机、地理、心理学、逻辑学等基础知识外,还应当精通和应用交通运输方面的专业知识,如航空器理论知识、导航知识、气象知识、空管设备知识、法规与程序知识、人为因素等。作为军航空管学习者,还需要掌握军兵种知识、战时空管、作战理论、参谋业务、军事高科技知识、空军作战指挥等军事基础知识,才能适应军航空管岗位的实际需求。

2. 熟练管制技能

空管学习者应当具备熟练的专业技能,熟悉空中交通管制业务、飞行情报和告警业务,能够通过空管实践能力考核,具备扎实的业务作业能力,熟练掌握工作中的各项理论知识,了解各种紧急情况的处理措施,具备基础能力之外的快速反应能力等。从事空管行业的人员还应当具备丰富的专业素养,如良好的语言表达能力、机敏的应变能力、丰富的思维决断能力、高度的自我控制能力、全面的综合协调能力等。另外,军航空管人员还应具备非战争军事行动空管保障能力和军事活动空管保障能力。

3. 养成良好的职业素养

态度决定一切。良好的职业素养是空管人员最重要的品质,直接关系着管制工作的质量和安全,主要包括严明的组织纪律、严谨细致的作风、安全意识、团队协作意识、崇尚荣誉等。良好的职业素养不是一朝一夕的努力就能养成的,它需要空管学习者在平时的学习中就要形成认真细致、攻坚克难、融会贯通和持之以恒的意识。

(三)空管学习者的特点

首先,空管学习者具有突出的个体性。空管专业在选拔学员时,根据不同的岗位有不同的标准和多样化的需求。学习者个人的能力素质各不相同,各有所长,各有特定所需,学习者的性格特质、身体素质和学习能力独具特点。其次,空管学习者具有整体性。空管是系统性工作,空管人员在学习的过程就必须学会与其他工作人员合作分工、沟通协调,以最大整体效益为目标。最后,空管学习者具有很强的可塑性。空管学习者应能够较快地吸收理论知识,掌握技术技能和养成良好的职业习惯。

三、内容

(一)空管教育内容的依据

空管教育内容是指空管学习者在空管学习过程中所必须掌握的科学知识和技能技巧,以及智力发展的总称。空管教育内容是空管教育的核心要素,是组织筹划空管教育的重要依据,也是实现教育目的,完成教育任务的基本条件之一,对空管教育实施过程起着影响和制约作用。因此,正确规定教育内容,对于实现教育目的是十分重要的。准确把握空管教育的内容,科学建构空管教育体系,深入探索空管教育的创新发展,对于丰富、完善和发展空管理论,提高空管效率和质量具有重要意义。

空管教育的内容不完全遵循袭我国普通基础教育的内容体系模式,而是联系空管教育的内部与外部、主观与客观因素加以确定。空管教育内容的确定是空管教育培训的首要任务。空管教育内容的依据主要包括空管战略方针、空管人员队伍建设目标、空管运行重难点问题。

1.空管战略方针

我国确立了特色和谐、军民融合的空管发展理念,明晰了空管可持续发展思路,继续贯彻"统一规划、分别建设,军民共用、资源共享"的原则,加强军民航空管系统建设的统筹协调和监督管理。空管教育者应依此战略方针,建立一个统一的军民航空管教育内容体系。

空管教育内容体系是空管专业培养目标和毕业要求的重要实现方式。由于空管专业教育内容是基于专业培养目标设置的,其课程设置应该符合专业培养目标。空管专业的培养目标是培养适应社会主义现代化建设需要,特别是军民航现代化建设需要,掌握军民航交通运输管理岗位所需的基础理论、专业知识和技能,熟悉国内外专业发展动态,满足军民航国际化、规范化要求,具有较强实践和创新能力,能够从事空管任务的高素质应用与管理人才。

2. 空管人员队伍建设目标

空管人员队伍建设目标是以"国家统一管制"目标为主线,加强专业人才培养的组织领导,以构建军民航两用人才队伍培养机制为重点,统一军民航专业人才的培养规范与标准,强化专业人才培养机构和考核认证机构的建设,落实吸引人才稳定专业队伍的措施,培养一支规模适度、结构合理、素质优良、作风过硬、技术精湛的军民航专业人才队伍,为空管现代化提供强有力的人才保障和智力支持。

根据此空管人员队伍建设目标来进行空管教育的时候,需要从政治思想教育、职业道德教育、专业基础教育、专业技能教育、心理健康教育等方面来培养,将学习者培养成具有较高的人文科学素养、社会责任感和职业道德的空管优秀人才。

3. 空管运行的重难点问题

我国民航系统在管制方法、管制手段、管制程序、管制设备等方面已基本与国际接轨,其教育培训体系、培训模式、培训内容也逐步与国际靠拢。而我国军航系统由于其管制工作特殊性,使其在空管教育内容上,人才培养的规范上和标准上还是与发达国家存在一定差异的。国家空管委在第十次全体会议工作报告中明确提出了"国家统一管制"的战略目标,要求"坚持军民航联合运行、整体推进、突出效能、确保安全"。显然,实现这一目标,对于解决军民航飞行冲突,实现军民航协调发展,以及军民航人才互通大有裨益。军民两用人才是实现军民航空管一体化的关键,而军民航空管教育内容的融合是空管一体化的基础。

(二)空管教育内容的特点

空管教育内容应具有先进性、科学性、针对性三大特点。

1. 先进性

空管教育内容先进性是相对于传统训练内容而言的。空管教育内容先进性突出表现在紧扣空管教育目标、任务和空管环境、保障条件,并随着这些情况的发展变化而变化,能够满足现实和突发情况的要求。在当今多变的国际背景下,空管教育内容必须结合空管行业可能出现的新情况、新问题、新变化,适时调整,确保空管教育内容具有时代性、超前性和实用性。因此,与时俱进地调整和规范空管教育内容,是保持空管教育内容先进性的根本措施。

2. 科学性

空管教育内容的科学性,集中反映在对空管特点和规律的把握上。在现代空管教育内容中,政治、经济、文化和科学技术知识相互交融,使得空管教育的知识越来越丰富,体系越来越庞大,实际应用的范围和价值越来越大。检验空管教育内容的科学性,主要是看它的理论价值和实用价值,是否经得起空管实践和科学实验的检验,是否有利于提高空管学习者的素质能力。

3. 针对性

空管教育内容历来是空管教育最活跃的要素,随着时代的发展而拓展,随着认识的飞跃而演变,随着空管任务的变化而不断发展。空管教育内容应随着空管任务的变化而不断更新,随着飞行流量的不断增加、空管新技术的不断更新、空管自动化程度的不断提高,而不断进行调整着眼需求,依据空管任务而确定,以适应我国航空事业的快速发展。因此,空管教育内容应具有很强的针对性。

(三)空管教育内容的作用

首先,空管教育内容直接反映了空管教育的目标。空管指导思想和目标决定了空管教育内容体系结构,空管指导思想和目标的改变,必然引起教育内容的改变和调整。空管教育目标还决定空管教育内容的深度、难度和强度,制约着空管训练标准的确定。

其次,空管教育内容是空管教育实施的客观依据。一切空管教育活动,诸如理论学习、演练、实验、考核、评价等,只有依据空管教育内容展开才是有效的。在空管教育过程中,坚持教育内容和教育形式的统一,把握教育内容决定教育形式、教育形式反映教育内容的内在规律,才能促进教育质量提高。如果重形式轻内容,满足于中看不中用的汇报表演式的训练,空管教育就会流于形式,成了"花架子",造成空管教育投入的巨大浪费。

最后,空管教育内容是空管教育发展变革的重点。空管教育的发展往往是通过教育内容的变革来实现的,因而教育内容要建立更新淘汰机制,坚持技术创新、方法创新、理论创新,不断推动空管教育的可持续发展。

四、方法

空管教育方法是空管教育的组织形式、实施程序、教学方法和手段运用的统称。

(一)空管教育方法的特点

空管教育方法具备多样性和适应性两种特点。

1. 多样性

从空管教育运行过程看,空管教育的方法由组织方法、计划方法、保障方法、指导方法、监督方法、考评方法等构成;空管学习的方法由自习方法、听课方法、阅读方法、作业方法、操练方法、评教方法等构成。因此,训练方法不是单一的,而是多样的和系统的,针对不同的教育目的、不同的教育对象、不同的教育内容,需要采用不同的教育方法。从教学方式方法看,当前空管教育主要包括课堂教学、模拟训练和现场实训三种教学方法:

(1)课堂教学主要采用教师教授的方式对空管知识进行传授,教师对理论知识体系进行梳理分解,形成知识点,运用现代信息技术和传统教学模式,按照教学计划进行课堂教学。

(2)模拟训练主要采用信息技术模拟真实空管环境,学生通过进行模拟管制操作等提升空管技术能力。如民航院校建立了机场管制模拟实验室、航空英语实验室、人为因素实验室、雷达管制模拟实验室、程序管制模拟实验室、飞行模拟实验室、空管图像及仿真实验室等一批实验室,构建了全系统的模拟训练教学体系。

(3)现场实训主要是指学生或学员进入空管现场在教员指导下对现实场景进行训练,提升学生或学员解决真实空管问题的能力。当前,民航院校与各地区空管局、空管分局(站)合作建立了多个固定合作校外实习基地,学生和学员可以在实习基地参与各类实习训练。

2.适应性

任何一种教育方法都必须着眼于提高教育的效率、效益、效果和质量,符合教育的目标、对象、内容、环境,否则难以发挥其应有的作用。因此,教育方法适应性主要包括四个方面。

(1)教育方法要与教育目标相适应。空管教育的目标是培养输出空管专业人才,适应各类空管岗位,掌握世界空管前沿理论知识,熟练操作空管设备,精通空管新技术,因此空管教育方法的采用要紧紧围绕核心目标,尤其是加强对学生工程实践能力的培养,协同空管机构和民航用人单位,创新教育方法,培养出符合空管行业需求并引领空管技术发展的高质量人才。

(2)教育方法要与教育对象即学习者相适应。学生或者受训者不同,需要运用不同的组织形式、训练过程和方法,空管教育尤其要坚持以学生为中心,根据学生的兴趣、特点等实施多样化的教育方法;在学生评价方面,空管教育机构要在不断探索中建立科学的学生综合测评制度,采取定性评价与定量评价相结合、过程评价与结果评价相结合、日常表现与特别表现相结合、自评与互评相结合的方式,从思想品德、课业学习、荣誉竞赛、实践能力、综合素养等多方面对学生进行综合评定。

(3)教育方法要与教育内容相适应。对不同的教育内容,应采取不同的组织形式和方法。世界空管行业逐渐成熟,空管知识体系也相应的体系化,民航院校已经形成了以空管学习内容为导向,从知识到能力,从理论教学到实习实训,从课堂到实验室到企业的多样化教学方法。

（4）教育方法要与教育环境相适应。在不同的教育环境下要采用相匹配的教育方法，如传统教室和智慧教室具有显著的特征，智慧教室赋予了教师更多运用信息技术的权限；传统实验室和虚拟实验平台也同样具有较大的差异，多样化的教育环境让空管教育者可以采用多元化的实验教学方法。

（二）空管教育方法的作用

1. 影响和决定教育效果与质量

科学的空管教育方法可以缩短教育周期，减少教育时间，提高训练质量。教育实践证明，科学、先进的教育方法是保证教育效果和质量的关键。空管教育方法得当，空管教育就会事半功倍；教育方法不得当，教育就会事倍功半，达不到预期的目的。因此，空管教育必须采取科学的、先进的教育方式方法，针对不同的学习者、教育内容、教育环境等，采取不同的训练方法，因材施教，以追求最佳的教育效果和质量。

2. 连接空管教育者和学习者

选用教育方法是以空管学习者为前提的，教育的组织形式、教育过程、教育手段和具体方法的运用，只有符合空管学习者的特点才能获得好的效果。空管学习者在接受知识和提高能力的同时，也在帮助总结空管教育者的方式方法。空管教育者和学习者之间的交流，不仅是通过教育内容，而且也是通过教育方式方法实现的。好的空管教育方法能使教育者和学习者之间最大限度地融为一体，形成良性的互动效应。相反，不恰当的教育方式方法会使教育主体与客体之间难以沟通磨合，甚至相互抵触。可见，空管教育者和学习者都应充分认识空管教育方法的重要性，认真学习和研究科学的教育方法。

3. 节省教育资源

空管教育方法也影响和制约着教育资源的合理运用和开发。采用模拟教育器材和模拟教育系统，可以减少真实器材的耗损。运用虚拟现实技术，可使学习者身临其境，获得实际感受。利用空管教育信息网，可扩大空管教育的受训面。新的远程教育方法的合理运用，可以大量节约教育费用，节省教育场地和设施，提高教育效益。

五、环境

人类的生存和发展离不开环境，人的任何活动都与环境密不可分，环境中的一切事物都有可能作用于人的感官，引起人的生理、心理或行为的变化。空管教育环境是空管教育的自然环境、社会环境，以及设施、装备、器材等物质环境的统称。空管教育环境决定着空管教育方法,左右着教育内容,进而对空管教育者的计划组织活动、学习者的知识能力的提升产生影响。

(一)空管教育环境的类型

1.教室

教室是教育诞生初期衍生出的教育环境,经过长期的发展形成了黑板、讲台、课桌椅等标准化的基础设施,与讲授为主的教学模式相匹配,这是与工业社会的教育需求相匹配的。随着信息时代的来临,计算机、投影仪、交互白板等新设备进入课堂,传统教室实现了升级换代。近年来,传感技术、网络技术、多媒体及人工智能技术充分发展,智慧教室随之快速发展。智慧教室是一种"能优化教学内容呈现,便利学习资源获取,促进课堂交互开展,具有情境感知和环境管理功能的新型教室",智慧教室的"智慧性"涉及教学内容的优化呈现,学习资源的便利获取,课堂教学的深度互动,情景感知与检测,教室布局与电气管理等方面。未来空管教育要更多地采用智慧教室,创新教学方法,持续提升教学质量。

2.实验室

实验室可以比拟为现代化大学的心脏,作为培养学生的一个重要部分,实验可以引人入胜,启发学生独立解决问题,培养学生的创造性思维。如中国民用航空飞行学院建立的航行实验教学示范中心(四川省实践教学示范中心),包括程序管制实验室、塔台管制实验室、雷达管制实验室、飞行模拟实践实验室、机场管制实验室等,为培养管制专业学生的实践能力提供了良好基础。

3.实习基地

实习教学是加强专业知识教育,增加学生的感性认识,培养学生实践知识、实践能力、综合素质、创新能力的重要综合性训练环节,校外实习基地是实习教学的主要场所。实习基地是教育机构和用人单位的协同教育体系的重要环节,我国空管教育已经建立了全面的校企实习教育体系。

(二)空管教育环境的特点

1.多元复杂性

现代条件特别是信息化条件下,影响和制约空管教育的环境因素越来越多,教育的组织保障工作越来越复杂,各种环境因素相互之间的联系也越来越紧密,决定了空管教育处于一个复杂的大系统中。空管教育者必须充分认识教育环境的这一特点及其对教育过程的影响,从宏观上着眼,把各个方面、各个层次、各个环节的保障看成是一个完整的体系,建立科学合理的内部结构,周密而科学地组织各项教育活动。

2.技术依托性

对信息技术、模拟技术的依赖是空管教育的一个重要特点。空管教育实践证明,将信息技术、模拟技术等现代高新技术应用到空管教育之中,不仅提高了空管教育效果、教育质量,降低了教育消耗,而且使空管教育更形象逼真,更贴近实际,更有利于教育者和学习者科学合理地利用教育环境,整合教育资源。因此,从高标准和最佳效果出发,空管教育必须以现代高新技术为支撑和依托,特别是要积极应用最新的科学技术成果。

3. 动态可变性

教育环境不是一成不变的。教育时间是根据教育内容的难易程度和以往的教育经验确定的,随着空管学习者综合素质的提高,原定的教育时间就可能调整。随着现代教育技术的发展,及其在空管教育领域中的广泛应用,教育空间会向虚拟方向拓展。总之,空管教育环境是动态的、发展变化的,只有把握好这一点,才能赢得主动。

(三)空管教育环境的作用

首先,环境保障空管教育的正常运行。教育环境是空管教育活动的依托,是教育者和学习者结合成统一体的纽带,是完成教育任务、提高教育质量的基础和前提。"巧妇难为无米之炊",教育需要一定的投入和必要的条件,否则就不可能达成预期的目的。

其次,环境为空管教育提供非物质支持。教育环境不仅为空管教育提供物质条件(人力、物力、财力等),还提供政治工作、思想教育和精神激励等"软"的条件。

最后,环境制约空管教育。空管教育环境制约着教育活动的展开,教育内容的确定,教育方法的选择和教育目标的实现。

第三节　空管教育的内外部关系

一、军航与民航空管教育的关系

(一)统一性

军民航空管教育所涉及的政治理论、思想道德、专业学科教育和空管业务知识技能训练存在整体同一性。

军民航的培养类型和层次体系逐渐趋同。截至目前,我国民航空管人员培养,在教育层次上,实现了本科、研究生培养和各类在职培训的有机结合。军航空管人员培养,在专业上形成了以日常航空运行管理、空域管理、流量管理、空管法规标准和空战场管控为主体的一体化培养模式;在培养层次上,实现了本科、研究生学历教育和任职培训、各类在职培训的有机结合。

军民航的教育内容逐渐趋同。整体看，军航空管教育与民航空管教育在教育内容上存在包含关系，即军航空管教育内容是在民航空管教育内容的基础上增加军事技能方面的内容；军航空管教育与民航空管教育在训练重点上存在差异，即民航空管教育的训练重点在强化指挥引导，军航空管教育的训练重点在强化空域管控协调能力。

（二）差异性

军航空管教育对军事技能方面又有特殊的要求。这种特殊要求，以及军民航发展现状和军民航空管工作对人员能力素质要求的差异性，决定了军民航空管教育的差异性，尤其是体现在培养目标的显著差异性。

对民航来说，随着我国经济的快速发展，班期飞行、旅客流量、货邮运输、通用航空飞行每年都有大幅度增加，预计今后数年仍将以超过10％的速度递增。目前，北京首都、上海浦东和广州白云的民航机场日均飞行超过一千架次，位于亚洲繁忙机场前列。"十三五"期间，我国民用航空运输总量仅次于美国，位居世界第二。民航空管教育更加注重管制指挥技能的强化训练，强调受教育对象为日常班机提供管制服务的技能。

对军航来说，为了适应现代战争的需要，加强军事斗争准备，航空兵部队突出了由技术训练向战术训练的转变。贴近实战的训练科目大幅度增长，飞行员年飞行时间指标大幅度提高，战术训练的比重大幅度加大，活动空域范围扩大，因此，军航空管教育更加突出空域整体管控能力训练，强调受教育对象的指挥协调、应急处置、战场管控等能力素质。

（三）协同发展

随着军民航飞行量急剧增加，军民航飞行矛盾日益加剧，维护国家军航飞行安全和保障民航航班正常的双重压力越来越大，增加航班数量和进行高难度军事训练越来越难，安全形势日益严峻，新的发展形势对军民航空管人员提出了更高的要求。在实际管制工作中，军民航也在加强协调发展，如定期召开军民航空管协调会，协调运行中出现的各类问题；军民航定期互派联络员，确保航班运行安全；组织业务骨干探讨典型军民航冲突，协商解决方案，为军民航空管运行安全提供有力保障；灵活使用空域，创新调配方法；排查隐患，全力清除工作盲点，消除造成管制员"错、忘、漏"的根源。

因此，空管教育的建设与发展必须处理好军民航空管教育的关系。一是军民航空管教育的目的都是为我国航空事业培养高素质工程型人才，在教育过程中应该注重加强军民航协调与配合，积极改进教育培训方法，使军民航双方在教育阶段通过相互的交流学习，了解对方的管制方式、管制手段、工作程序等，为在工作岗位上良好的沟通协调奠定基础。二是在拓展任务教育内容上应做到军民航一致,注重对学习者在知识、技能、态度、价值观、情感培养方向的一致性,强调对工作能力、方法能力和社交能力的培养和提高。三是加大空管教育理论研究,从国家需求和军队建设需求出发,立足现在,着眼未来,做好空管教育研究,从组织理论或学习理论出发,深度研究分析如何妥善处理好军航和民航之间的关系。

二、空管教育要素与外部环境关系

系统论认为,世界上任何事物都是由要素构成的系统,要素是构成系统的基础。在空管教育活动中各个要素都处于不断演变、丰富和发展之中。研究空管教育,必须运用全面、客观、发展的观点和科学的研究方法,构建空管教育要素之间及与外界环境相互关系(见图1-1)。

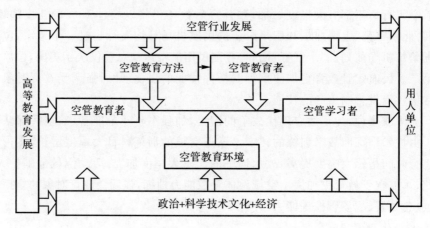

图1-1 空管教育要素之间及与外界环境相互关系

一是要素存在的必要性。空管教育要素是构成空管教育的必要因素,包括空管教育者、空管学习者、空管教育内容、空管教育方法和空管教育环境。空管教育存在与发展的本质就是教育构成要素合理地配置并相互作用,最终有效实现空管教育的目标。因此,空管教育的每一个构成要素均是空管教育活动不可缺少的、相互独立的基本单元,每一要素都必须是不可或缺的,任何一个要素的缺失都会导致空管教育活动无法进行。

二是要素之间的关联性。经过多年的发展,空管教育体系内部要素及其外部环境构成了一个教育生态系统。

三是空管教育内部要素之间相互关联。空管教育者、空管学习者、空管教育内容、空管教育方法和空管教育环境五个要素之间存在着一定的合作与矛盾,而教育管理制度正是规范内部要素之间关系的重要工具。作为空管教育的决策者,必须正确处理好内部要素之间的关系,设计更加科学合理的管理制度,鼓励支持教师创新教学方法,优化教育方法,重构基于信息技术的教育环境,构建以学生为中心的空管教育模式。

四是空管教育与行业发展需求密切相关。空管教育的起源来自于民航事业的发展和空管行业的发展,空管教育的规模、结构和质量首先要满足空管行业的需求,空管人才培养目标是空管岗位从业要求在教学中的映射,空管教学内容的改革基于空管新技术发展和应用。

五是空管教育内部要素与外部环境相互关联。空管教育受一定社会的政治、科学技术、文化、经济所制约,并为一定社会的经济、政治、文化的发展服务,当空管教育不能很好地适应国家和社会的需要,即不能很好地为社会发展服务时,必须对现行的人才培养模式进行改革,使人才培养方案、培养途径更好地与人才培养目标、培养规格相协调,从而使空管人才的培养更好地符合空管教育目标,空管教育必须实现从主动适应社会到预判并引领社会发展的转变。

第二章 空管行业特点及职业要求

第一节 空管行业特点

空管行业发展起步较晚,至今尚不到百年,随着航空事业取得巨大突破,空管实现了从无到有、从落后到先进的跨越式发展。从20世纪初空管系统的初步建立,到本世纪各国空管体系的成熟完善,空管行业历经了空管技术、管制方法的多次更新。一系列新技术、新方法、新设施设备的应用,从根本上改变了以往空管系统规模小、系统单薄、运行管理落后的局面。空管系统在肩负着空防安全重任的同时,还承担着保障航空飞行活动安全、有序、顺畅的责任,为确保国家空中安全提供有力保障。因此,空管作为一个特殊的行业有着鲜明的自身特点和职业要求,对空管教育的目标也提出了特殊的要求。

一、安全责任重,效率提升难

安全是人的基本需要,是社会文明进步的标志。航空运输行业的属性决定了"没有安全就没有一切","安全第一"是空管系统的生命线。全社会对安全的期望值越来越高,航空安全越来越成为公众关注的热点和焦点。针对新阶段航空运输市场需求持续增长,以及旅客对航空运输运行品质的要求越来越高等特点,空管安全管理需要确立安全优先级意识、风险意识、责任意识、服务意识、全局意识,形成先进的、全员认同的持续安全理念。

近年来,我国航空事业发展迅猛,军民航飞行流量快速增长,各种新技术不断发展,安全间隔不断缩小,空管系统安全压力越来越大。空管人员的职责主要是维护空域内的飞行秩序,保证航空器之间具有符合规定的间隔(水平和垂直两个方向),防止航空器与航空器、航空器与地面障碍物相撞。空管人员的工作直接关系到飞行安全,长期工作导致的职业倦怠往往影响着空管人员身心状况及工作效率,从而产生人为差错,例如管制员的"错、忘、漏"极大威胁了飞行安全。另外,由于航空器飞行速度快,航空器数量不断增长,而可用空域有限,造成航空器相撞的风险增加。空管系统中的任何一个环节出现问题,都可能会影响航空器的安全,而结果不仅仅是某一架次,还可能造成数倍的灾难。可见空管在保障航空安全运行上扮演着极其重要的角色,是航空器安全、正常运行的有力保障。

保障安全的同时,空管行业还需兼顾效率这一重要因素。由于飞行流量分布不均,飞行流量大的地区航班延误时有发生,航班高峰时刻空域拥堵的问题越来越突出。随着航空器数量和飞行流量的不断增加,机场承载的空中交通压力也不断增加,空管运行效率将面临更大的挑战。目前,我国的流量管理服务还处于发展阶段,空管系统具有的不确定性和复杂性基本特征与飞行流量高速增长之间仍存在矛盾。流量管理尚未实现系统化,在机场、终端区及航路交叉点等存在拥挤和飞行冲突等情况,形成了空中交通网络的"瓶颈"。这种状况直接引起航空器起飞前的延误等待,以及航空器飞行过程中出现改航、偏航、返航、备降等情况,从而给飞行安全带来不利影响,同时也增加了航空器燃料消耗,使得经济效益受损。因此,要通过提升空管运行单位管理水平,完善空管行业管理机制,增强空管设施设备效能,优化空管单位专业技术人员结构,切实提高空管运行效率。

二、条件约束多,工作负担重

空管是国家综合交通运输、应急保障和空防的重要组成部分,是保障军事航空、公共运输航空和通用航空发展的基础。空管建设可以有力支持国家空管发展战略,使军民航飞行更为和谐顺畅。空管与空防,从信息获取处理到对空指挥是分工不同的一个整体。空防负责监视空情,判断处理空中来犯之敌,运用空情探测系统和防空兵力保护国家领空安全。空管负责对所辖空域内航空器的飞行活动实施统一管理、监督和控制,运用信息处理手段,调动各种空管资源保障航空器运行安全、有序和高效。

保障飞行安全是空管的基本工作。我国空管系统每天都有几千名管制员和大量的保障人员在一线对飞行活动实施动态管理。空管人员的工作受天气、空域、飞机性能以及所承担的飞行任务(如抗震救灾优先保障)约束。空管人员不仅要面对公共运输航空、军事航空和通用航空等飞行活动,还要面对人工影响天气、炮射等使用空域资源活动的影响,需要空管人员以其娴熟的专业技能协调不同目标的飞行活动。

空管人员多年如一日，认真践行"忠于职守、精于指挥、乐于奉献、勇于创新"的空管精神，以一流的工作标准和要求，确保了专机、重要任务、战备训练、公共运输飞行和通用飞行等飞行活动的安全、高效和顺畅，杜绝了因空管原因发生的飞行事故。

三、任务急难险，保障压力大

平时，空管工作的首要职责是保障各种飞行任务的顺利实施和安全，维持空中秩序，解决飞行冲突，防止航空器空中相撞及航空器与地面障碍物相撞。很明显，安全性对空管人员来说是第一位的。如果不能及时发现和调开飞行冲突，飞行事故可能在一瞬间发生，所以对空管人员来说，时效性要求同样非常高。总之，空管人员必须在有限的时间内对所管辖的航空器发出及时而正确的指令，切实做到万无一失，才能完成好工作任务。要完成这样庞杂而艰巨的任务，空管人员必将承受超强的压力。空管人员必须严密掌握空中动态，对区域内的飞行活动实施全程监控，所以他们的精力投入度极高，必须是全力以赴。目前，大多数民航空管单位按照民航局空管局的要求，加强岗位值班力量，保证飞行安全，要求空管岗位严格执行"双岗制"，即每一管制席位在值班时间内不得少于两名正式空管人员，其中一名负责管制指挥，另一名负责管制协调。管制指挥和管制协调是统一的整体，分工合作，密切配合。另外，高速度、高密度的飞行流量和有限的空域资源，给飞行安全带来了严峻的考验，使空管人员产生极大的心理压力。空管人员的高度专注往往会使其注意力过于集中，而注意力高度集中会使其思维狭窄，关注点变得狭小，容易发生飞行冲突就在眼前却"视而不见"，以致不能及时采取最佳调配措施。

非正常情况下，空管人员除了要具备确保日常指挥工作不出现差错的能力外，还必须具备处置特情的能力。如某一航班上有旅客突发疾病，需要紧急备降，而此时空中的航班很多，要在拥挤的空中为此航班开辟出一条"绿色通道"，需要空管人员多方协调。保障一架特情航班，需要空管人员有大局意识、协调方法和指挥技巧。一架特情航班需要不同岗位的空管人员共同联手，分担调配其他航班、协调相关部门和联系地面服务等多项工作。

抢险救灾、医疗救护、航空器故障等特殊情况，对空管人员提出了更高的要求。例如，5·12汶川特大地震发生后，空管系统紧急动员，迅即成立成都地区救灾空中管制委员会,组建军民航联合管制指挥中心,紧急开辟救灾航路航线,迅速建立了空中生命通道,仅四川地区一个月就保障军民航飞行 16 300 架次,其中救援飞行 6 500 架次,民航班机飞行 9 700 架次,创造了新中国成立以来保障抢险救灾日出动飞机最多、飞行密度最大、空中集结速度最快的历史记录。北京奥运会期间,空管系统紧紧围绕"安全、顺畅、正点、高效"的目标,调整航路航线,划设特殊空域,建立应急机制,严密组织联合管制指挥,安全保障各类飞行 54 万多架次,其中包含了 94 位外国元首和政府首脑的 510 架次专机飞行,空管人员以高度负责的精神和扎实细致的工作,做到了管制指挥零差错、应急响应零失误、系统保障零故障,为实现中央提出的"有特色,高水平"和"平安奥运"目标作出了积极贡献。上海世博会创下了重大活动空管保障历时最久的记录。围绕实现举办"成功、精彩、难忘"世博会的总目标,空管系统及时成立联合管制指挥机构,划设各类特殊空域 21 个,新开辟调整航路航线 29 条。在历时 199 天的世博空管保障期间,空管系统安全保障各类飞行 53 万多架次,其中专机、包机 1 229 架次,空中安保警巡 420 架次,圆满完成了空管保障任务。

　　此外,军航空管更加突出对空域的整体管控,强调军航空管人员的指挥协调、应急处置、战场管控等能力素质。战时,空管人员还要执行应急作战任务。应急作战是一种特定时期、特定战场、特定环境下进行的作战样式,具有目的上的战略性,任务上的进攻性,时间上的急迫性,空间上的广阔性和行动上的可控性等特点。因而应急作战的空管处置预案,除了包含一般性战时空管计划内容之外,还要求具有针对性和快速反应性,要求军航空管人员和设备"精兵利器"。其中,针对性是指应急作战空管处置预案的程序、空域管理、管制协同、空域监控方法等要体现突然事件发生的天文地理环境、空域环境、运行环境和双方对抗环境的特点,需要具有很强的可操作性。快速反应性是指应急作战空管处置预案中的临战准备时间短,甚至可能来不及进行临战准备的情况下就要投入使用。管制区域、空中禁区、空中限制区和飞行控制区的划设,航路、航线的调整,空管规定的发布,空管机构与人员设备调配,战场空运、空投和救护方案的编制都要求"快"。"精兵利器"指应急作战空管处置预案中调配和征用的人员要具有空管业务精湛、协调能力强和经验丰富的特点,由这些人员组建空管应急分队和设备应急维修分队;空管设备配置要强调技术先进、充足配套和快速机动性,做到地面固定管制系统、地面机动管制系统和空中管制系统"三位一体"。

四、军民融合深,协同要求严

空管是国家综合交通运输体系的重要组成部分,它既有面向国际的开放特征,又有典型的军民融合特色,空管运行需要军民航的协调和合作。近年来,我国军民航空管联合运行是空管的显著特征,在空域管理、空管运行、信息共享、协同决策和保障方式等方面,表现得十分突出。军航与民航融合是我国新时代空中交通发展的战略选择,它有利于优化我国空中交通运输资源,提高效益,惠及国防和民生。军民航空管运行适应我国航空事业发展需要,确定了新时代我国军民航空管发展方向。深刻理解和把握军民航融合的思想内涵和精神实质,紧密结合我国国情,立足国家利益全局,针对空管特点,努力在运行机制、法规标准、空域使用、人才培养、空管科研、保障设施等方面,合理优化配置空域资源,加快推进军民航空管联合运行,探索出一条具有中国特色军民航融合发展的空管之路。

航空活动主要包括公共运输飞行、军事飞行和通用航空飞行。由于国家层面法律法规的缺失,我国军民航组织飞行活动标准规范存在差异,空管运行主要依托军民航两个体系对空域飞行的航空器实施管制指挥、管制移交、协调通报、调配间隔,分别提供管制服务。为贯彻落实国家空管委关于空管系统建设统一规划的基本方针,应进一步强化军民航融合思想,增强资源共享和集约意识,切实发挥国家建设经费的使用效益;处理好空管系统和空防系统之间的相互关系,立足平战结合,加强对军民航空管设施、设备的整合,减少重复投资建设;注重军民航管制中心业务功能的一致性,抓好军航航管中心升级改造,抓紧完成全国飞行情报联网、空域管理系统和雷达信息传输数字化改造等重点项目建设,大力提升军航空管能力;对军民航新建的雷达、通信、导航等基础设施,做到信息共享、互为备用,切实提高空管设施设备的投资效益;加强军民航空管应急保障体系建设,抓好空管备份、应急系统的总体布局和规划建设,探索军民航互备建设道路,提高突发事件和重大活动空管应急保障能力。

因此,军民互利共融的教育培训体系有利于国家航空体系的科学发展,军民航双方的教育培训应加强交流和合作,只有教育上的密切协同与配合，才能达到空管专业标准的一致性和协调性，才能保证双方空管人员专业知识、专业技能的基本相同。无论是军方还是民方，为达到军民航空管共融的目的，应当相互尊重，达成共识，形成默契，着眼军民航的空域管理、空管运行等方面的整体效能，统筹空管教育发展战略，制定空管教育培训总体目标，融合教育培训资源，实现招生、培训、资格认证、岗位技能等标准的一致性。

五、技术更新快，国际合作广

20世纪我国主要采用传统的程序管制方式，这种管制方式比较落后，航空器间隔大，阻碍了航空业的快速发展。随着雷达的应用，一次雷达、二次雷达、S模式雷达逐级提升，广播式自动相关监视系统（Automatic Dependent Surveillance-Broadcast，ADS-B）得到全面应用，改变了过去的管制方式，极大提升了空域容量，使得空中交通更加有序。

传统的空域管理是根据陆基导航设备进行航路、航线规划，航空器按照固定航路、航线飞行，受限较大。随着星基技术（如GPS、北斗）的发展与应用，星基、陆基导航与机载设施相结合，从传统的导航方式提升为区域导航（Remote Area Navigation，RNAV）和所需导航性能（Required Navigation Performance，RNP），实现了航空器在空域内的自主飞行，优化了飞行路径，缩短了飞行距离，增加了经济效益，进一步提升了空域容，量如图2-1所示。

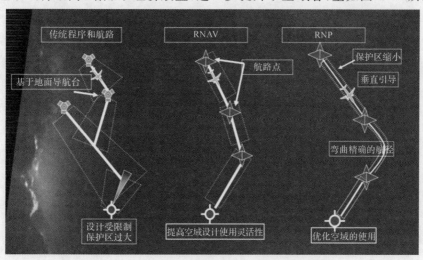

图2-1 基于性能的导航与传统航路对比

随着雷达技术在空管的应用和计算机技术的发展,利用计算机技术对雷达信号进行分析和处理,开发和提升了空管自动化终端的功能,进一步提升了空中交通服务品质,从提供空中交通管制提升为空中交通管理。现代空管技术通过推进数据链技术,全球导航卫星系统(Global Navigation Satellite System,GNSS)、北斗、卫星着陆系统(GNSS Landing System,GLS)、地面增强系统等星基导航技术,广域信息系统(Wide Area Information Servers,WAIS)等信息协同技术的应用,构建空天地一体的,数据信息全面互联、互通、互动的智慧化协同运行环境。

未来,通过大数据、互联网、物联网、云计算、人工智能等技术与空管技术深度融合,构建飞联网平台,推动航空公司、机场、空管等运行单位信息共享,实现以自主化和智慧化为特征的空中交通服务、流量管理和空域管制,沿数字化、智能化、智慧化的发展模态,不断迈向更高发展阶段,如图2-2所示。

图 2-2 未来智慧空管构架

随着全球经济一体化格局的发展,航空活动也呈现出国际化的趋势。航空运输的全球化,使一个航班可能跨越多个国家,需要若干个空管中心参与管制移交和协调,而空管设施和法规却可能千差万别,各国提供的空管服务水平可能参差不齐。无缝隙的全球化空管系统,要求不同区域的空管服务提供者的安全标准、运行标准、设备标准、服务质量具有一致性,所以空管服务提供者有必要彼此合作,实施网络互联互通,贯彻服务的一致性。这就意味着"可互用、无缝隙和全球化的空管系统"要求空管行业既竞争又合作。

自国际民航组织 20 世纪 80 年代初提出并推动全球实施通信、导航、监视和空管(Communication Navigation Surveillance/Air Traffic Management,CNS/ATM)系统以来,日趋成熟的通信、导航和监视技术为空管的现代化提供了先决条件。为促进空管系统的互用性,实行全球无缝隙的空中交通服务,最终实现自由飞行,国际民航组织航行委员会 1998 年成立了空管运行概念专家组。随着近年来经济全球化步伐的加快,空管的市场化、新技术应用成本的降低,航空企业要求压缩空管投资运行成本的呼声越来越高,空管全球化的发展趋势已势不可挡。国际航空界意识到,有必要将此运行概念扩展到全球范围,在全球范围建立一种全新的一体化、互用和无缝隙的空管运行模式。最终,专家组在原有概念及征求了各地区反馈意见的基础上发展并形成了该运行概念。运行概念是指,通过所有方面协调提供的设施和无缝隙的服务,对空中交通和空域实施安全、经济和高效的动态和一体化管理。运行概念集成了空管系统的七项主要功能:空域组织与管理、机场运行、需求与容量平衡、空中交通同步、空域用户运行、空管服务提供方面的管理和冲突管理。其特点是,以系统安全管理为根本,以提供服务为中心,承认空管是一个环环相扣的运作过程,范围至少是从门到门的全过程,同时强调高效率地利用系统范围信息管理理念支持的各类共享信息实施协同决策(Collaborative Decision Making,CDM)。构成运行概念的基本要素是:门到门的运行、四维飞行航迹管理、飞行航迹的最小偏离、建立全面安全的管理程序、空管伙伴间的战略和战术协作及将某些管制程序和责任从地面转移到空中,提高航空器的自主飞行能力。

未来全球空管运行模式将发生五个方面的重大变化:一是空管商业化,以国家空管为单位的独立实体将逐步过渡到全球分散的商业模式;二是区域性合作更加密切,原先以国家为单位提高空管运行效率的活动将逐步过渡到以技术合作为内涵的地区性合作,国家间、国家与地区间及地区与地区间的国际合作将越来越重要;三是打破国家地区界限,合并空域,减少管制区和情报区数量;四是实行大区域配套建设、大区域组织运行和集中式系统管理,如欧洲、非洲和美洲地区正在研究或实验"单一天空"计划,欧洲合并了部分国家的高空情报区并正在酝酿打破国界统一在欧洲地区划设三个大型空管区(ATM area),同时正在按照"ATM2000+"计划推进三十三个欧洲国家的空管一体化。美国和欧洲正在联手研究北美和欧洲空管一体化的可行性方案,美国 FAA 内部正在进行空管机构改革,将原来的空中交通服务(Air Traffic Service, ATS)和航路设施部门合并组建了一个新的机构——空中交通服务组织(Air Traffic Organization, ATO);五是地区统一化的进程正在加快,通过实施国际民航组织协调确定的欧洲、中东、亚洲喜马拉雅山脉南部航路网、极地航路和缩小垂直间隔(Reduced Vertical Separation Minimum, RVSM),实现相邻地区空管运行机制和服务方式的统一。

第二节　空管行业职业要求

职业要求是对从事某一职业所必备的知识、技术和能力的基本要求。空管是一个神圣的职业,同时也是一个富有挑战性和充满刺激的职业,这项工作关乎到空防安全、国家形象以及人民的生命财产安全,需要从业人员具有崇高的使命感、高度的责任意识、严格的组织纪律性、严谨的工作作风、良好的团队精神、优秀的身心素质。因此,在选拔从业人员时需要从职业精神、专业理论、专业技术、身心素质和人文素养等方面进行考察,将一批具有较高人文及科学素养、社会责任感和职业道德的优秀人才吸纳到空管队伍中来。

一、高尚的职业精神

空管是国家综合运输体系、空防体系和应急体系的重要组成部分,是航空事业发展的重要基础。空管行业职业系统既是"天路"的建设者,又是空域的管理者,更是空中交通安全顺畅的守护者,担负着规划管理国家空域资源,建设空域及航路航线保障设施,组织实施对空监视和管制指挥,维护空中交通秩序并提供管制服务等神圣使命。正是由于空管行业使命任务的特殊性和工作依据的强制性,才孕育出具有鲜明行业特色和时代特征的空管职业精神理念:忠于职守、精于指挥、乐于奉献、勇于创新。

"忠于职守"是精髓。忠于职守就是要忠诚于党,忠诚于国家,忠诚于人民,忠诚于空管事业。忠诚于党就是坚持党的绝对领导,保证正确的政治方向;忠诚于国家,就是牢记使命,维护国家主权和利益;忠诚于人民,就是热爱人民,服务人民,牢记人民利益高于一切;忠诚于空管事业,就是要扎根空管,建设空管,献身空管,将个人发展、价值实现与空管事业发展紧密结合起来。

"精于指挥"是关键。精于指挥是空管人对使命责任的内化,是爱岗敬业的追求,是精湛技能的完美体现。精于指挥,源于高尚的职业操守和精湛的专业技能,包含着"精、准、细、严、实"的职业标准。

"乐于奉献"是基石。乐于奉献是一种高尚的品德,是无声无息地、积极地为他人,为集体,为社会做出有益的事情。乐于奉献又是一种责任,是一种主动的、自觉的、真诚的、发自内心的积极行为。空管工作常常是幕后工作,更多时候体现的是"潜绩",而看不到"显绩"。这就需要空管人应当始终具备甘居幕后、乐当人梯、默默无闻、任劳任怨的奉献精神。

"勇于创新"是动力。勇于创新是空管精神的时代写照,是推动我国空管事业发展的不竭动力。需要我们以先进的技术,不断开辟空管系统自主创新的道路;以追求卓越的勇气和科学的方法,实现空管安全运行;以通达全球、通贯全域的开放胸怀,与国际标准接轨,学习借鉴发达国家的先进经验;以广博的知识和高超的技能,设计空中"立交桥",铺设通天之路,推动航空事业又好又快发展。

二、扎实的专业理论

空管是一项专业性极强的工作任务,对于从事这项任务的空管人员,专业理论知识必须达到相应要求。空管工作性质要求空管人员在有限的时间内完成对航空器、机场、航路(线)和天气等不断变化信息的搜集及处理,以保证实施正确的管制指挥。因此,在基础教育过程中,空管人员除了要掌握数学、物理、外语、计算机、气象、地理、心理学、逻辑学等基础知识,还应当精通和应用空管专业方面的知识。军航空管人员,还需要掌握军兵种知识、战时空管、作战理论、参谋业务、军事高科技知识、空军作战指挥等军事基础知识,才能适应军航空管岗位的实际需求。

空管工作中,设施设备的性能、应用技术的水平与决策系统的功能决定工作质量。随着科学技术的发展,雷达管制方式应运而生,而传统的程序管制方式成为了雷达管制方式的补充;自动相关监视技术补充了传统的雷达监视技术;数据链通信拓展了通信方式;基于性能导航增加了航路航线飞行、终端区飞行的灵活性;空域灵活使用提升了空域利用率;高度融合的空管自动化系统极大地提升了人工决策系统效能。高度网络化和集成化的战略流量管理取代了独立、分散的战术流量控制。协同决策系统实现了空管、机场、航空公司资源的高度共享和利用。空管人员从以前的空管战术调节者逐步向战略管理者转变。因此,空管行业对空管人员的能力水平也有了新的要求:掌握从事工程工作所需的相关数学、自然科学以及经济和管理知识;具有工程基础知识和本专业的基本理论知识,和系统的工程实践学习经历;了解本专业的前沿发展现状和趋势;具备设计和实施工程实验的能力,并能够对实验结果进行分析;具有追求创新的态度和意识,能够综合运用理论和技术手段设计系统和过程;掌握文献检索、资料查询及运用现代信息技术获取相关信息的基本方法;了解党和国家的方针、政策、法津、法规,能正确认识工程对于客观世界和社会的影响;具备一定的组织管理能力、语言表达能力和人际交往能力,以及在团队中发挥作用的能力;具备不断学习和适应发展的能力;具备国际视野和跨文化的交流、竞争与合作能力。

三、高素质的综合能力

作为一名成熟的空管人员不仅需要扎实的专业知识和娴熟的操作技能,还需要良好的工作态度,要能与班组人员密切合作,发挥团队协作精神,即集知识、技能和态度(Knowledge,Skill and Attitude,KSA)于一体。

因此,一名合格的空管人员应当具有综合能力:一是评估决策能力,空管人员通过比较不同来源的信息得出结论,运用有效的方法来选择管制方案,采取行动来应对空管运行工作中的现实、限制和可能的结果;二是情绪控制能力,是对个体和群体的情绪感知、控制、调节的能力,是空管人员在工作中对情绪的自觉意识,是自我激励、自我完善的一种能力;三是应变创造能力,人在外界事物发生改变时,所做出的反应,可能是本能的,也可能是经过大量思考后所做出的决策,空管人员能在空中交通态势和其他状况的变化中产生应对的创意和策略,能够做到审时度势和随机应变;四是语言表达能力,是空管人员在语言表达时应当用词准确,语意明白,结构合理,语句简洁,合乎规范,能把需要传达的信息表述得清晰,准确,连贯,得体;五是精力分配能力,是需要空管人员在应对长时间、高强度的空管指挥工作时,能够将有限的精力按照轻重缓急的原则进行合理分配;六是预测统筹能力,是指洞察事物、工作谋划、整合协调和创造性思维等方面的能力,需要空管人员充分利用各种资源,顾全大局,制定健全的空管方案;七是沟通协调能力,是需要空管人员将各种资源、各种关系、各种因素、各个环节整合起来,达到空管组织目标,完成预定任务;八是立体感知能力,是空管人员在工作中要具备立体视觉和空间立体思维能力,通过对航空器空间位置的捕捉、观察和想象,建立航空器的空间位置图的能力;九是记忆和心算能力,是指空管人员对信息进行加工、编码、保持和记忆,并对相关信息进行简单估算或仔细计算的能力,需要空管人员工作时聚精会神、专心致志,排除杂念和外界干扰,必要时需结合多种方式手段;十是情景意识能力,指空管人员在信息处理过程中,通过理解和判断,精确的感知空管环境的变化和对空管未来发展的预知、预判能力,需要空管人员工作时积极地询问和评价,必要时采取果断行动,连续不断对情境进行分析与监控。

另外,军航空管人员还应具备非战争军事行动的空管保障指挥技能(野外执行直升机起降、空投、救援等管制指挥)、战时航空管制保障指挥技能等。特别要强调的是协调技能,这是一名参与作战的管制参谋应具备的基本技能,主要包括内部协调和外部协调:内部协调,包括机关内部工作协调,本部各处室之间的工作协调,下级、友邻单位及其它军兵种之间的工作协调,值班席位之间的工作协调,与战术指挥机构单位的协调等;外部协调,包括与民航有关部门的协调(飞行指挥协调、空域使用协调、军事行动协调、非战争军事行动协调),与地方有关单位、部门之间的工作协调。

四、过硬的身心素质

身体心理素质是空管人员各项素质的基础,主要包括以下内容:能胜任管制指挥任务的所有身体条件,即体力、体能必须能够适应长期管制指挥的劳动强度,没有任何传染病或者身体缺陷,尽量无手术创伤,心肺功能正常,无任何呼吸系统疾病,身体各项健康指标达到空管行业的标准要求;职业倾向性、情绪控制能力、心理抗压能力、自律性等心理素质达到要求。

随着各种新技术的日新月异,特别是空管自动化设备使用,由通信、导航、雷达设备等系统硬件问题造成的事故和事故症候的所占比例呈下降趋势,而由管制人员的失误造成的事故呈上升趋势。人为差错从占航空事故原因20％上升到80％,已经成为影响航空安全的重要原因。例如,2002年7月1日,发生在瑞士的两机空中相撞事故导致了71人丧生;2006年9月29日,发生在巴西的两机空中相撞事故导致了154人丧生;2008年11月22日,上海管制区域发生的两架航空器的冲突事件。究其根源,这些事故都是由空管人员失误引发的,这说明空管人员人为差错严重影响飞行安全,也是空管不安全事件和事故的主要原因。这些事故说明了空管工作对飞行安全的重大影响,空管人员的任何一点失误都可能引发严重的后果,都可能会危及数百人的生命安全,造成重大经济损失。同时管制失误造成的损失往往是不可挽回的。

研究发现,个人问题引起的工作状态不佳是大多数人为差错发生的原因。空管人员工作时需要长时间保持注意力的高度集中,工作负荷大且长时间处于高度压力下执行较为单调的工作任务,不少空管人员会出现力不从心、工作积极性降低、缺乏工作激情、工作满意度降低、工作情绪倦怠等问题,影响空管人员的个人状态,最终可能导致空管人员的人为差错的产生。每个空管人员在高峰时期要同时面对十几架航空器,调配航线、高度、间隔,工作强度很大。特别是军航空管人员,需要参与高节奏快反应的现代战争、突发事件应急处置等急难险重任务,管制业务压力和协调工作强度大,需要超强的身体抗负荷能力和过硬的心理承受能力。这种特殊性容易使空管人员产生倦怠、烦躁、疑虑等不良情绪。因此,空管人员不仅要具有健康的体魄,还应当具备良好的心理素质,即坚定自信而不盲目蛮干,细心谨慎而不粗心大意,机智果断而不优柔寡断。此外,空管人员还要培养自我概念,增强自我调节的能力,在工作中保持愉快的心情和工作热情,调整工作期望,快速调节自己的负面情绪,提高工作绩效,不断取得职业发展,进而防止职业倦怠的产生。

五、深厚的人文素养

人文素养的培养起始于人性的自觉,注重品德的培养,注重人的心灵自悟、灵魂陶冶,着眼于情感的潜移默化。良好的人文素养表现为:追求崇高的理想和优秀道德情操,向往和塑造健全完美的人格,热爱和追求真理,严谨、求实的科学精神,儒雅的风度气质等。在空管文化建设中应用人文学科的基础理论,对于增强空管人的政治责任感,激发工作热情,强化创新意识,培养协作精神,促进空管文化建设的科学推进和空管人员的全面发展具有重要意义。

空管关系到我国的空防安全和经济发展,因此只有具备很高的思想政治素质、崇高的使命感、高度的责任意识才能成为一名合格的空管从业人员。空管人员要对党绝对忠诚,具有高尚的思想政治觉悟和坚定不移的政治信念,在任何情况下,都应该以国家和集体的利益为重。空管学员一般比较年轻,思想活跃,有创新精神,因此要有针对性地来加强教育,调动他们的工作积极性,培养学习兴趣,肯定个人价值,激发激情,逐步树立主人翁意识,加强品质品德教育,培育热爱空管事业情怀。思想教育工作要有预见性和超前性,及时引导他们明辨是非,树立正确的人生价值观,把不正确的、消极的思想消灭在萌芽状态,树立为空管事业争光、实现自己人生价值的自豪感。

空管人员必须熟悉国内外法律、法规、部门规章、规范性文件及标准。由于空管工作事关领空安全和飞行安全,责任重大,空管活动应以航空法律法规和相关军事法规为依据,以规章、规范文件为准绳,以充分利用空域资源,加强各类航空活动科学管理为出发点,为空防安全和飞行活动的安全、有序、高效运行提供重要保障。

第三节　空管教育的发展要求

一、军航空管教育发展要求

军航空管作为作战指挥系统的一个重要组成部分,在空防安全和空中作战中有不可替代的地位和作用。因此,在军航空管教育中,要突出鲜明的军事特点,以新时代军事训练需求为原动力,以打赢信息化战争为出发点和归宿,树立高层次、高水平、综合性的目标价值取向。军航空管教育更加突出空域整体管控能力训练,强调受教育对象的指挥协调、应急处置、战场管控等能力素质。军航空管教育的训练重点在强化空域管控协调能力。军航空管人员培养,在专业上形成了以日常航空运行管理、空域管理、流量管理、空管法规标准和战场管控为主体的一体化培训模式(见图 2-3);在培训层次上,实现了本科、研究生学历教育和任职培训、各类在职培训的有机结合。

图 2-3   军航空管人员培训

二、民航空管教育发展要求

民航业是我国经济社会发展重要的战略产业。改革开放以来,我国民航业快速发展,行业规模不断扩大,服务能力逐步提升,安全水平显著提高,为我国改革开放和社会主义现代化建设做出了突出贡献。民航空管是通信、导航、监视、运行控制和信息综合服务等方面的高新技术最先实施应用的行业之一。适应空管新技术、新知识发展需要,加强工程实践能力培养,把好人才培养的“入口关”和“出口关”,提高学员的岗位适应性是民航空管人才培养的根本要求。建立完善的空管人才培养机制,加强职业生涯规划,加快培养成熟空管人员以及流量管理、空域规划等领域专业人才,是空管教育面临的主要任务。民航空管教育的各项工作要始终以满足民航业持续发展对空管人才的迫切需求为导向,以提高空管学习者的工程能力和综合素质为根本,以师资队伍建设为抓手,深入推进工程教育教学改革,积极探索符合国际化发展趋势的人才培养模式和途径。将民航空管学习者培养成为熟悉国内外专业发展动态,具有航空安全意识、较强实践和创新能力、严实作风和协作精神,符合高技能、高技术、高素质、国际化、规范化标准的工程技术及管理人才(见图 2-4)。

图 2-4　民航空管人员培训

三、军民航空管教育融合发展要求

纵观世界空管的发展史,空管活动经历了程序管制、雷达管制和以计算机技术为核心的自动化管制等阶段,并将随着通信、导航和监视等先进技术的应用,进入以星基系统为主体的新空管阶段。但无论空管处于哪一个阶段,不管是战时还是平时,也不管是军航还是民航,抑或管制方式和手段是先进还是落后,航空管制基本活动的过程都离不开掌握飞行情报、监督飞行活动、进行航空管制协调、实施飞行指挥、调配飞行冲突这五个环节。这五个环节也是航空管制活动的中心内容,为空管活动服务的空管教育必须符合这一发展规律。

近年来,我国空管教育正按照国家教育体制改革要求,统一了思想,明确了任务,创新了机制。空军针对空管教育工作发布了重要指示,加强了教育培训的制度和法规建设,民航局空管局制定了《关于加强空中交通管制培训工作的意见》等相关文件和规定。军民航在空管学历教育和非学历教育两方面取得了长足进步,空管教育正持续、健康、协调地发展。

从国家需求和军队建设需求出发,为了提高空管服务保障水平,更好适应空防和空管安全的需要,我国应加强军民航协调,建立军民航空管联合运行机制。军民航融合发展对军民航空管教育提出了新的要求:整合军民航空管教育资源,理顺空管教育内外关系,加强军民航协作,做好空管教育管理、教育研究,实现军民航空管教育体系的高度融合。近期,推进空管教育改革,依托军民空管教育资源,建立军民航联合办学机制、军民航管制员交叉培训机制,重点培养研究生以上学历的复合型空管人才(见图2-5),夯实空管发展基础,满足联合运行需要。远期,推行军民航统一空管教育体制,建立统一的军民航空管教育机构,培养适应未来军民航发展的空管人才。

图2-5 军民航联合空管工程硕士研究生班开学典礼

第三章 空管教育发展历程与现状

1949 年新中国成立以来,我国空管人员的教育培训事业的发展经历了从无到有,从培训形式单一到 20 世纪 80 年代军、民航各自具备完整体系的发展过程。积跬步,致千里,改革开放 40 多年来,我国军民航空管教育体系也得到了长足的发展。目前,我国空管人员的教育培训体系主要包括军、民航两大系统。由于二者的任务不同、使命的差异及责任的区分,当前我国军民航教育培训现状各有特点,各自具有一套完整的教育培训体系,为整个军民航的快速发展起到了非常重要的作用。

当前,我国正处在实现中华民族伟大复兴的关键时期,国内外形势的变化给我国空管带来了发展的新机遇和新挑战,催促着我国空管加快发展的步伐。在这发展的重要时刻,适应国际空管的发展趋势,高瞻远瞩,审时度势,直面我国空管的发展需求和存在的矛盾问题,不失时机地研究和提出我国空管发展战略,统领我国空管抓住机遇,迎接挑战,突破难题,加快发展,实现历史性的跨越,具有非常重要的意义。

第一节 我国空管教育发展历程及现状

我国从 20 世纪 50 年代就开始了对空管人员进行专业教育培训,目前在军队和地方五所大学(空军工程大学、海军航空大学、中国民航大学、南京航空航天大学、中国民用航空飞行学院)成立了培养空管人员的学院,为空管系统输送专业人才。"十三五"期间,军队和地方相关院校为空管系统培养了大量的专业技术和保障人员,源源不断的人才输出为空管事业持续健康发展提供了有力的人才支撑。

一、空管教育发展三个阶段

(一)军航主导阶段(1979年以前)

1979年之前,由于需要捍卫人民解放的胜利果实,我国的空管及空管教育的发展是由空军组织实施的,并以防空作战为主体需求展开。

1949年3月30日,中国人民革命军事委员会成立军委航空局,直属军委领导,统一领导全国航空事业,为创建人民空军做准备。同年5月,航空局在调整机构编制时,鉴于工作需要,经聂荣臻副总参谋长批准,增设了航行管理处。同期在华北、华东、西北军区航空处设立航行机构,在军用机场和军民合用机场建立了航空管制机构。同年11月2日,中央政治局会议作出决定,在人民革命军事委员会下设民用航空局,受空军司令部指导,负责管理民用航空事业。1950年11月1日,中央人民政府人民革命军事委员会主席毛泽东发布命令,颁布了《中华人民共和国飞行基本规则》,1951年4月13日,中央人民政府人民革命军事委员会颁布了《航空管制令》。这些航空法规明确规定:空军和民航的飞机飞行,均须向空军司令部或军区空军司令部申请,经批准后方可实施。军航主导阶段如图3-1所示。

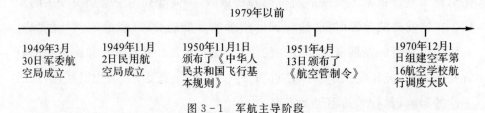

图 3-1　军航主导阶段

在这个时期,军民航空管人员的教育与培训由空军统一组织实施,空管教育的主要培养对象是程序空管人员,其培训机构有空军的各级教导大队、空军第一高级专科学校、空军第十六航空学校航行调度大队(原名空军第十六航空学校航行调度训练大队,后先后更名为飞行管制训练大队、飞行管制大队、空军领航学院飞行管制系、空军第十六飞行学院飞行管制系、空军第二飞行学院西安分院飞行管制系、空军第二飞行学院飞行管制系,2005年与空军空中交通管制人员培训中心合并为空军航空管制系)、空军第十四航校。其中,1970年12月1日,组建的空军第十六航空学校航行调度大队是军民航管制人员培养的主要机构,从1971年至2004年共为空军、海军、民航、三机部培养飞行管制学员 3 723 名(其中大学本科 1 794 名,大专 730 名,中专 1 199 名),代培民航空管人员 66 名,函授飞行管制大专、本科 920 名,学员培养层次由最初的初级、单一、短期培训班逐渐发展为中高级、培训项目多、中长期的培训班。培训的主要项目有航行参谋学习班、指挥调度班、调度英语训练班、指挥调度干部班、领航资料员班、英语报务班等,空管人员培训初具规模。

(二)军民航并行阶段(1979 年至 1993 年)

1979 年,中国民航大学(原中国民用航空专科学校),采用高考录取的形式开设了航行管制专业,学制三年,开始了民航空管人员系统化的教育模式,是民航最初培养空管人员的院校。与此同时,空管教育与培训协同前进,空管人员教育培训走向正轨,开启了军民航空管教育并行的新阶段,如图 3-2 所示。

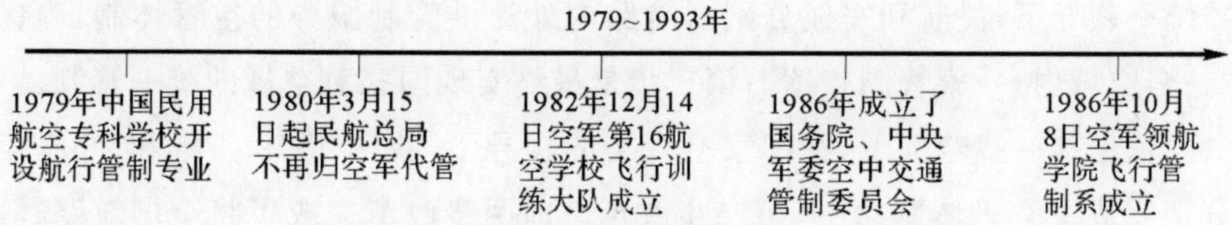

1979~1993年

| 1979年中国民用航空专科学校开设航行管制专业 | 1980年3月15日起民航总局不再归空军代管 | 1982年12月14日空军第16航空学校飞行训练大队成立 | 1986年成立了国务院、中央军委空中交通管制委员会 | 1986年10月8日空军领航学院飞行管制系成立 |

图 3-2　军民航并行阶段

党的十一届三中全会作出了党的工作中心转移到社会主义现代化经济建设上来、实行改革开放的历史性决策。经济建设的快速发展和对外开放的实施,推动了我国航空交通运输的持续增长,使得原有空管运行体制模式与经济发展需要的矛盾更显突出。

1980 年 3 月 5 日,国务院、中央军委发出《关于民航总局不再由空军代管的通知》,决定民航总局从 1980 年 3 月 15 日起不再归空军代管,除航行管制外的其他工作向国务院请示报告。民航进行体制改革,归国务院直接领导,走企业化道路;扩大对外开放,保持快速发展;加强基础建设和教育培训;狠抓安全和服务工作。

1986 年,我国成立了国务院、中央军委空中交通管制委员会,领导全国的飞行管制工作,全面进行航空管制体制改革,加快航空管制系统工程建设,在全国范围内探索实施新的航空管制方式。

民航脱离空军序列后,则由军、民航按照各自的需求,分别组织培训自己所需的空管人员。军航依托空军第十六航空学校航行调度大队(1982 年 12

月 14 日改称空军第十六航空学校飞行管制训练大队,1986 年 10 月 8 日改称空军领航学院飞行管制系)培训空管人员,招生对象为经全国统一高考录取的应届高中毕业生、经考核批准转学本专业的飞行学院停飞学员、地方大学毕业的本科生、经军队系统招生考试录取的部队战士和有一定实际航空管制工作经验的在职飞行空管人员。

(三)军民航联合教育阶段(1993 年至今)

1993 年,《国务院、中央军委批转＜空中交通管制考察团关于出国考察空管体制情况报告及对我国空管体制改革意见请示＞的通知》(国发[1993]67 号),确定了我国空管体制向"国家统一管制"方向发展的原则,提出了空管体制改革分三步走的战略设想。第一步是将"京—广—深"航路交由民航管制指挥;第二步是将全国大部分航路交由民航管制指挥,形成在国家空管委统一领导下,民航和军航分别对航路内外提供管制服务的空管体制,确保"一个空域内,一家管制指挥";第三步是最终实现国家对空域的统一管制。

依据这一战略部署,在国家空管委的领导下,我国于 1994 年和 2000 年分别完成了空管体制第一、第二步改革。前两步改革完成了将全国航路、航线内空域移交民航管制指挥,航路、航线外空域由空军管制指挥,实现了一个空域由一家指挥的管制格局,为进一步改革和发展提供了制度架构建设的基础和有益的经验。

为适应国家发展需要,随着国家空管体制改革,军、民航空管运行部门也分别进行了内部体制改革。

1993 年,空军正式开始雷达空管人员的培养。从此,军航空管上升至新阶段,与民航空管有效对接,加强了与民航空管教育的合作交流,逐步与国际空管教育培训接轨。军航培养航空管制人才的主要机构是空军领航学院飞行管制系(后先后改称为空军第十六飞行学院飞行管制系、空军第二飞行学院西安分院飞行管制系、空军第二飞行学院飞行管制系,2005 年与空军空中交通管制人员培训中心合并为空军航空管制系,2012 年 4 月空军航空管制系与空军第二飞行学院预警指挥引导系合并组建空军工程大学空管领航学院),主要承担管制指挥、空管技术、地面领航的生长干部培养、在职干部短期培训和士官培养,以及交通运输工程、控制科学工程、军队指挥学等专业的多个研究方向的研究生教育任务,设有社科人文、军事基础、数理、外语、信息、专业基础、专业方向、岗位任职等课程和综合实践教学环节,具有较强的科研与开发能力,是全军唯一成建制培养航空管制、地面领航、空管装备维修人才的教学单位。目前,军航除了空管领航学院外,陆军、海军航空兵也有承担小规模人才培养的教研室和教学组。

民航则主要由中国民航大学、南京航空航天大学和中国民用航空飞行学院等院校承担空管人员的基础教育。民航系统的空管专业培训机构为隶属于大学(或学院)的二级学院,主要负责民航空中交通管制、航空情报、飞行签派、通信导航等专业人才的培养。

空管委根据军民航空管联合运行需要,分别在北京航空航天大学、中国民航大学和南京航空航天大学,组织开办了3期由100名军民航一线空管人员和技术人员组成的硕士研究生班,初步建立了军民航空管联合培养人才机制,为空管系统输送了一批素质较高,掌握空管新技术的人才。

我国空管教育在发展过程中还具有以下特点:1979年以前,空管教育以岗前短期培训为主,属于非学历教育;1979年,空管教育机构开始招收首届大学专科层次学员,开始大学专科层次学历教育;1995年起开始空管大学本科学历教育;进入二十一世纪,军民航空管院校开始了空管方向全日制硕士研究生的培养,之后陆续开展了研究生层次(硕士、博士)的培养。目前,军民航空管院校已经联合开展军民航空管联合运行工程硕士的培养,为实施空管体制改革战略发展目标第三步打下了坚实的基础。

二、空管教育机构发展现状

(一)军航空管教育机构

1.空军工程大学

空军工程大学是人民空军高素质新型军事人才的摇篮,是军事科技创新的重要基地,更是青年学子献身国防、实现人生理想的知识殿堂(见图3-3和图3-4)。空军工程大学为全国重点大学,是全军重点建设的五所综合大学之一,是空军专业技术最高学府,下辖航空工程学院、防空反导学院、信息与导航学院、研究生院、航空机务士官学校等5个正师级学院(校),空管领航、装备管理与无人机工程等2个副师级学院,以及基础部、军政基础系,形成"六院一校一部一系"总体架构,担负着为空军培养航空工程、防空反导、通信导航、空管领航、装备管理、无人机等领域生长军官高等教育和任职培训、现职军官基本培训和辅助培训、研究生教育、士官职业技术教育、升级培训和预选培训、文职人员培训和外军留学生培训等任务。空军工程大学具有学科专业综合,师资力量雄厚,培养模式先进,教研设施完备,创新团队强大,发展空间广阔,生活条件优越,生态环境优美等八大优势。

图 3 - 3　空军工程大学

图 3 - 4　空军工程大学校徽

空军工程大学共有五个校区,占地 10 300 亩,拥有先进的教学、科研实验条件和公共服务体系,共有各类实验室 453 个、训练场地 53 个,建有 11.5万平方米的教学科研大楼,西北地区高校最大、功能最全的室内综合训练馆,完备的飞机实习中心,地空导弹和通信导航综合演练场。学校图书馆总面积4.35 万平方米,阅览座位 4 800 余个,藏书 160 万册,电子图书近 226 万册,中外文电子期刊 5 000 余种,建成了集实体资源和虚拟在线馆藏为一体的四校区共享的图书资源体系。学校校园网实现了一校四区互联,依托数字校园搭起了网上教学、办公、远程教育平台,信息终端覆盖全校教学、科研、办公等场所和学员宿舍。学校同时加强实践教学环节,与军地有关单位合作,建立了 34 个学员实践实习基地,为人才培养和学科专业建设,提供了有力支撑。

学校现有 9 个一级学科博士学位授权点,17 个一级学科硕士学位授权点,4 种硕士专业学位授权类型,28 个本科专业(方向)。授权学科覆盖了 4大学科门类和大学所有主干学科专业,形成了以工学、军事学为主,管理学、理学协调发展,空天网一体化的学科专业体系。学校拥有 2 个国家重点学科,5 个军队重点学科,1 个国家级重点实验室,3 个国家级实验教学示范中心,8 个博士后科研流动站,10 个军队"2110 工程"三期重点建设学科专业领域。

学校拥有一支高水平师资队伍和优秀科技创新团队,共有教授、副教授、高级实验师 700 余人,其中军队科技领军人才培养对象、"973"首席科学家、国家教学名师、全国优秀教师、"百千万人才工程"国家级人选及"求是"奖、青年科技奖等获得者 70 余人。学校规划在校学员 10 000 余名,其中研究生1 500 余名。学校注重学员综合素质全程培养,近年来学员参加国际国内各类竞赛获奖 1 000 余项,等级数量位居全军院校前列。学校近几年承担科研项目 1 100 余项,建校以来,共获国家和军队科技奖励近 800 项。

空军工程大学空管领航学院成立于 2012 年,是全军唯一成建制培养作战规划、指挥控制、航空管制初级指挥军官和工程技术保障人才的教学科研单位,是现代联合空中作战复合型指挥人才的摇篮。该学院本着"指挥艺术"和"工程技术"结合的理念,培养具有科学系统思维能力、先进工程技术基础和卓越军事指挥才能的高素质、专业化新型军事人才。学员毕业后赴部队主要从事作战规划、指挥控制、航空管制等相关工作。

空管领航学院在航空管制、地面领航专业 70 多年建设发展基础上,融入了作战规划、航空集群,现已形成本科、硕士、博士多层次的办学格局。学院在交通运输工程、控制科学与工程、管理科学与工程和军队指挥学等 4 个学科设有 3 个博士学位授权点、4 个硕士学位授权点。本科开设了航空管制与领航工程专业和作战任务规划 2 个专业,其中航空管制与领航工程专业又分为航空管制方向和地面领航方向。学院专业建设成效显著,航空管制与领航工程专业被评为军队重点专业,陕西省一流培育专业。

航空管制与领航工程专业的航空管制方向,自 20 世纪 70 年代创建以来,紧紧围绕部队作战训练和国家经济发展需要培养空管人才,专业教学突出管制调配、管制指挥、空域管理、通报协调等能力培养,为日常训练、战备演练、国土防空等任务提供了有力的人才支撑。航空管制方向着眼形势任务的发展变化,不断提炼岗位任职能力,优化课程体系,加强实验条件建设,形成了具有军事特色的教学体系。成立至今,本专业向军民航空管系统输送了近万名毕业生,一批批学生在不同的空管岗位上已经成长为空管系统的领导和业务骨干,得到了用人单位的高度肯定。除本科学历教育,该专业还承担了现职干部培训、轮训和复训等短期培训任务,培训效果明显。

空管领航学院的学术科研紧紧围绕国家空管发展战略和领空安全,在空域规划、航线划设、军民航联合运行、起降管控策略以及飞行冲突探测解脱等方面展开深入研究,为空域管控以及智能空管发展提供理论支撑。国家空管防相撞技术重点实验室、陕西省空管运行实验中心的获批,为军民航防相撞理论和技术的研究提供了重要平台,为军民航管制运行的研究验证提供了重要支撑。在空管研究成果的基础上,学院出版了《防相撞理论与应用》《空管文化研究》《航空管制概论》等著作,并开设了一批专业核心课程。

空管领航学院自成立以来,获国家教学成果一等奖 1 项,军队级教学成果一、二、三等奖 10 项;获得军队科技进步一、二、三等奖 12 项,国家自然科学基金 21 项、国家社科基金项目 20 项,其他重要项目 21 项;发表学术论文近 300 多篇,SCI、EI 收录近 100 篇,授权专利 16 项,与地方科研院所合作开展项目 30 多项;决策咨询多项被各级机关采纳,多项成果被转化应用。

空管专业教师是由国家"百千万人才工程"、人才学科拔尖人才、高层次科技人才以及中青年骨干教师组成的一支有朝气有活力有作为的教学力量。

教授、副教授占60%以上，博士学位及在职攻读博士学位的教师占76%，具有一线工作经历或代职经历的教师占90%以上，部分教师持有军航管制执照，具有丰富的一线管制指挥工作经验。

学院在专业实验室建设方面，已形成程序管制模拟实验室、雷达管制模拟实验室、桌面式塔台管制模拟实验室、180度塔台模拟实验室、航空情报实验室等学生实验平台，为提升学生实践能力提供了保障。

2.海军航空大学

中国人民解放军海军航空大学由海军航空兵学院和海军航空工程学院于2017年重组而成（见图3-5、图3-6），是海军指挥与工程技术人才培养的主要基地和航空领域科研中心之一，是一所以培养海军航空兵和岸防兵初中级指挥军官、飞行军官、参谋军官、空中战勤军官和航空航天工程技术军官为主的高等军事院校，是海军航空兵、岸防兵战斗力建设的重要源头。

图3-5 海军航空大学

图3-6 海军航空大学校徽

　　海军航空大学由两所历史悠久、文化底蕴深厚的院校重组而成。海军航空兵学院,成立于1950年11月1日,主要担负海军航空兵初中级指挥军官、飞行军官、参谋军官、空中战勤军官等培养任务,是海军航空兵战斗力建设的重要源头,是全军唯一担负航母舰载机飞行人员培养任务的院校。海军航空工程学院,创建于1950年8月24日,是新中国首批组建的军事院校之一,以培养海军初级指挥军官、航空航天工程技术军官为主,1979年被国务院列入全国重点高等院校,1986年获硕士学位授予权,2000年获博士学位授予权,2003年建立博士后科研流动站,2000年、2010年两次被总部评为"全军院校教学优秀单位"。

　　海军航空大学本部驻山东烟台市区,在青岛设校区和训练基地,在辽宁葫芦岛、山西长治、河北秦皇岛、河南济源等地辖飞行训练基地。学校共横跨6省15地办学,编制教职员工和部队官兵共1万余人,拥有雄厚的理工基础与航空优势融为一体的学科专业布局,自然风光和历史建筑融为一体的校园,通识教育与军事训练融为一体的教学体系,综合型指挥人才和专业型学术人才融为一体的育人成果,是海军航空兵、岸防兵两大兵种的高素质人才培养基地、训法战法创新基地、科技研究基地、作战支援基地、文化传播和对外交流中心。

　　海军航空大学是全军最早的学历教育院校之一和军队"十三五"重点建设院校,现拥有6个博士后科研流动站,4个博士学位授权一级学科,18个博士学位授权点,12个硕士学位授权一级学科,50个硕士学位授权点,6个工程硕士授权领域,23个本科专业,学科领域涉及工学、军事学、理学和管理学4个学科门类,专业特色非常鲜明,是学航空、上航母的不二选择。现有1个国家重点学科,2个国家级实验教学示范中心,11个全军重点建设学科专业领域,3个学科专业被列为"十三五"军队重点建设学科专业,7个山东省重点建设学科,8个全军和山东省重点实验室。

　　学校先后两次被评为"全军院校教学优秀单位",基础教学全军知名。"十三五"以来,学校先后承担3 900余项国家、军队和地方工业部门科研项目,获国家和军队科技进步奖290余项,一批科研成果填补了国内空白,多项达到国际先进水平;在国内外发表学术论文10 000余篇,获得国家授权发明专利260余项。

海军航空大学师资力量雄厚,科研学术成果丰硕。学校现有中国工程院院士2名,双聘院士4名,全国优秀教师1名,全军优秀教师9名,全国优秀科技工作者3名,"百千万人才工程"国家级人选6名,"新世纪人才支持计划"2名,"泰山学者"特聘专家7名,教授、副教授及相当职称580余名,博士生导师67名,硕士生导师257名,获"全国百篇优秀博士学位论文奖"5名。

海军航空大学航空作战勤务学院成立于2017年,是海军航空兵部队培养部队组训管理、航空管制、地面领航、无人机运用与指挥、航空救生等人才的教学科研单位,师资力量雄厚,使命重大。学院坚持"人才兴院、人才强院"理念,强化需求牵引、创新驱动、开放联合,致力于信息化条件下战争制胜机理,培养高素质、专业化新型军事人才,毕业后赴部队主要从事部队组训管理、航空管制、地面领航等相关工作。

航空作战勤务学院的部队组训管理、航空管制、地面领航、无人机运用与指挥、航空救生等专业经过多年建设发展,现已形成具有本科、硕士、博士多层次的办学格局。学院牵头承担1个博士后科研流动站,1个博士学位授权一级学科,2个硕士学位授权一级学科,2个硕士专业学位授权领域,以及6个本科专业。其中航空管制与领航工程专业又分为航空管制方向和地面领航方向。

航空管制与领航工程专业的航空管制方向,自20世纪80年代创建以来,紧紧围绕部队作战训练和国家经济发展需要培养空管人才,专业教学突出管制值班、飞行调配、管制指挥、海上空管保障等能力培养,为日常训练、战备演练、国土防空等任务提供了有力的人才支撑。着眼形势任务的发展变化,不断提炼岗位任职能力,优化课程体系,加强实验条件建设,形成了具有军事特色的教学体系。自专业成立至今,向部队空管系统输送了近千名毕业生,一批批学生在不同的空管岗位上已经成长为空管系统的领导和业务骨干,得到了用人单位的高度肯定。除本科学历教育,还承担了现职干部培训、轮训和复训等短期培训任务,培训效果明显。

学院学术科研紧紧围绕海军航空兵飞行训练安全和海上空管保障,突出空域规划、组织计划、指挥协调、安全保障等方面展开深入研究,坚持基础性与针对性相结合,稳定性与动态性相结合的原则,融合管理学、军事学和工学中航空宇航科学与技术学科,为空管建设发展提供理论支撑。

航空作战勤务学院教师队伍中,50％拥有博士研究生学历,43.6％拥有硕士研究生学历,他们中有中国工程院院士、全国优秀教师、全军优秀教师、国家有突出贡献中青年专家。空管专业包括航空管制教研室和航空管制养成中心,其中具有一线工作经历或代职经历的教师占 90％以上,部分教师持有军航管制执照,具有丰富的一线管制指挥工作经验。

学院建设有海军航空管制养成中心,已建成程序管制实验室、雷达管制实验室、360°塔台管制指挥实验室、180°塔台管制指挥实验室、飞行情报编辑实验室等学生实验平台,为提升学生实践能力提供了保障。

(二)民航空管教育机构

民航空管教育机构包括中国民航大学、南京航空航天大学、中国民用航空飞行学院等。

1.中国民航大学

中国民航大学是中国民用航空局直属的一所以培养民航高级工程技术和管理人才为主的高等学府,是中国民用航空局、天津市人民政府、教育部共建高校(见图 3-7、图 3-8)。

图 3-7　中国民航大学

图 3-8　中国民航大学校徽

　　中国民航大学的前身是 1951 年 9 月成立的军委民航局第二民用航空学校,毛泽东主席亲自任命方槐将军为校长,周恩来总理亲自选定校址。1981 年更名为中国民用航空学院,2006 年 5 月 30 日,更名为中国民航大学。

　　学校设有天津东丽校区、宁河校区,以及朝阳飞行学院、内蒙古飞行学院、新疆天翔航空学院有限公司 3 个飞行训练基地。天津东丽校区坐落于天津滨海国际机场旁,总占地面积 169.4 万平方米,总建筑面积 87.4 万平方米,宁河校区一期正在建设当中。

　　学校拥有国家级实验教学示范中心 2 个,国家级虚拟仿真实验中心 1 个,全国示范性工程专业学位研究生联合培养基地 1 个,国家级工程实践教育中心 1 个,天津市级实验教学示范中心 9 个,天津市级虚拟仿真实验中心 2 个。学校有各类飞行教学训练飞机 75 架(不含新疆天翔航空学院),机务维修实习飞机 22 架,D 级飞行全动模拟机 3 台,其他各类训练模拟机/器 208 套,各类飞机发动机 60 台。学校图书馆现有馆藏纸质图书 230 万册,电子图书 310 万册,数据库 105 个,与全球知名航空制造企业合作共建了中商飞、空客、波音、赛峰资料室,开通了中商飞在线、波音在线、空客在线网站,学生可直接访问相关技术资料。

　　学校拥有工、管、理、经、文、法、艺 7 个学科门类,拥有安全科学与工程一级学科博士授权点,11 个一级学科硕士授权点,6 个专业学位硕士授权点,38 个本科专业,6 个专科专业,学科专业覆盖民航主要业务领域,具有推荐优秀应届本科毕业生免试攻读研究生资格。安全科学与工程入选天津市一流建设学科,航空宇航和交通运输学科群入选天津市特色学科(群)建设名单。学校有 4 个国家级和 9 个省级一流本科专业建设点,3 个国家级特色专业,3 个国家级专业综合改革试点专业,4 个教育部卓越工程师教育培养计划专业,5 个天津市卓越工程师教育培养计划专业,9 个天津市品牌专业,8 个天津市特色优势专业建设项目和 8 个天津市应用型专业建设项目,交通运输和通信工程 2 个专业通过工程教育认证,电子信息工程专业为教育部 CDIO(Conceive 构思、Design 设计、Implement 实现、Operate 运作)工程教育模式改革试点专业,中欧航空工程师航空工程研究生层次学科领域加入教育部卓越计划,电子信息工程、飞行器动力工程和飞行器制造工程 3 个专业通过国际航空认证委员会认证。学校获得近两届国家级、省部级教学成果奖共计 33 项,其中国家级 2 项、省部级 31 项。

学校更名大学以来,相继承担了国家高技术研究计划(863 计划)重大和重点项目 2 项、子课题 4 项,国家重点基础研究发展计划(973 计划)1 项,国家科技支撑计划项目 2 项,国家重点研发计划项目 1 项,国家自然科学基金项目 262 项,国家软科学 6 项,国家社科基金 8 项。其中,学校牵头承担的国家重点研发计划"广域航空安全监控技术及应用"项目,成为"十三五"国家科研体制改革后首批启动的国家重点研发计划项目。

学校大力实施科研平台建设工程,相继获批民航科技创新基础技术研究型科研院所、应用技术开发型科研院所、成果转化枢纽型科研院所、技术政策暨服务智库型科研院所和基础技术研究基地、应用技术开发基地、创新人才发展基地,获批民航局重点实验室 5 个,省部级智库 6 个。

中国民航大学下设的空中交通管理学院是我国空管人才培养的发源地,是人才培养模式改革的先行者。学院人才培养始于 20 世纪五十年代,1955 年开始空中交通管制人员培训,1979 年面向普通高考招生,1981 年成立航行系,2000 年成立空中交通管理学院。

学院下设管制运行与技术系、飞行运行控制系、空域规划与航空情报系、航空气象系、空管信息与仿真技术系(空管基地)、飞行签派中心、综合实验室等多个部门。学院现设有 3 个硕士研究生专业:交通运输规划与管理(学术型)、交通信息工程及控制(学术型)和交通运输工程(专业硕士),3 个本科专业:交通运输、交通管理和应用气象学。

交通运输专业是国家级特色专业建设点、天津市品牌专业建设点、中国民航局重点建设的特色专业,也是教育部"卓越工程师教育培养计划"试点专业,于 2012 年 10 月一次性通过教育部最高等级工程教育专业认证,并于 2018 年再次通过教育部工程教育专业认证,是全国首家通过此认证的航空类交通运输专业。2019 年,交通运输专业获批国家级一流本科专业建设点。

空中交通管理学院办学特色明显,教学管理严谨,师资结构合理,科研水平较强,学生一次就业率位居全国前列,是有志于民航事业青年人放飞梦想的最好起点。

截至 2021 年 9 月,学院在校生总数 3 023 名,其中本科生 2 840 名、硕士研究生 183 名。学院培养适应社会主义现代化建设,特别是民航现代化建设需要,熟悉国内外专业发展动态,具有较强创新开拓能力,掌握民航交通运输管理岗位所需的基础和专业知识,能够适应空管、航空公司、机场等民航领域的复合型人才要求,成为高技能、高技术、高素质、国际化、规范化的高端应用型技术与管理人才。

学院重视学生德、智、体、美、劳全面发展,注重学生行业素质的养成,超过三分之一的学生在国家级、天津市级和校级各类竞赛中获奖,毕业生全部参加岗位实习,其中优秀学生被选派赴我国台湾地区、英国和新西兰等知名航空学府或企业交流学习。毕业生深受空管局、航空公司、机场等单位喜爱,一次签约率均在90%以上。

学院学术围绕数字化风险管控、尾流间隔缩减、空域精细化管理、航班时刻优化配置、航空气象预报与服务等方面展开研究;搭建了空管运行态势智能分析、国产化空管监视与风险管控、管制员操作技能自动测评与成绩管理、航空气象专业探测等多个研发平台;形成了空管模拟仿真设备、空域规划与容量评估、空中交通流量管理、航空器飞行性能分析、机场运行安全与规划等多个重点研究方向;取得了一批科研成果;培育了一支与国际接轨、民航特色鲜明的一流研究队伍。

目前,空管学院已主持完成国家重点研发计划项目1项,国家863计划重大项目1项,国家科技支撑课题1项,国家自然科学基金重点项目3项,以及一大批国家自然科学基金,国家空管委、民航局、天津市等省部级科技项目;在重要优势科研方向上,已经拥有1个民航科技重点领域创新团队,4个院聘创新团队,这些团队已成为学科建设、师资队伍建设、科研平台建设和科学研究骨干。

经过多年的发展与积累,学院建设了极具行业特色的优质课程24门,其中国家级一流本科建设课程2门,国家级视频公开课1门,天津市一流本科建设课程4门,校级精品资源共享课5门,校级精品课4门,天津市级精品资源共享建设课1门,校级精品资源共享建设课1门。学院获得国家级教学成果二等奖1项,省部级教学成果一等奖4项,中国民航局教学成果奖一等奖1项、二等奖1项,获得校级教学成果一等奖3项、二等奖2项。

学院始终坚持加强师资队伍建设,经过"十三五"的奋斗,目前共有教职工143人,专职教师118人,其中具有正高级职称13人、副高级职称32人、

中级职称 71 人、初级职称 2 人,高级职称占比 38%;具有博士学位教师 55
人、硕士学位教师 63 人,博士占比 47%;专业教师(管制、签派、情报等)执照
持有率 60% 以上;拥有民航空管技术专家,中组部万人计划科技创新领军人
才,民航科技创新领军人才、拔尖人才,天津市 131 工程第二层次人才、第三
层次人才以及民航科技重点领域创新团队。

空中交通管理学院目前拥有国家级空管实验教学示范中心,国家空管运
行安全技术重点实验室、天津市空管运行规划与安全管控技术重点实验室、
民航航班广域监视与安全管控技术重点实验室等 3 个省部级重点实验室。
学院有交通运输专业实验室 15 个,主要包括雷达管制模拟实验室、程序管制
模拟实验室、机场管制模拟实验室、自动相关监视(ADS)模拟实验室、航空情
报服务实验室、航空气象实验室、人为因素实验室、飞行观察模拟与领航实验
室、空域规划实验室、CBT 实验室、飞行计划实验室、飞行性能实验室、航空
公司运行管理综合实验室、现场管理实验室、流量管理实验室。上述平台建
设,为学院的教学和科研工作提供了有效的实验环境。

2. 南京航空航天大学

南京航空航天大学创建于 1952 年 10 月,是新中国自己创办的第一批航
空高等院校之一,1978 年,被国务院确定为全国重点大学,1981 年,经国务院
批准成为全国首批具有博士学位授予权的高校,1996 年,进入国家"211 工
程"建设,2000 年,经教育部批准设立研究生院,2011 年,成为"985 工程优势
学科创新平台"重点建设高校,2017 年进入国家"双一流"建设序列,现有航
空宇航科学与技术、力学、控制科学与工程三个学科入选第二轮"一流学科"
建设名单。学校现隶属于工业和信息化部。2012 年 12 月和 2021 年 4 月,工
业和信息化部、中国民航局先后签署协议共建南京航空航天大学。2018 年
12 月,工业和信息化部、教育部、江苏省共建南京航空航天大学(见图 3-9、
图 3-10)。

学校现启用明故宫、将军路、天目湖三个校区,占地面积 3 046 亩,建筑
面积 189.3 万平方米。学校图书馆收藏 295 万余件印刷型文献、156 个中外
文数据库,1 260 万余册各类电子型及数字型文献信息资源。

目前,学校已发展成为一所以工为主,理工结合,工、理、经、管、文等多学
科协调发展,具有航空航天民航特色的高水平研究型大学。学校现设有 18

个学院和 192 个科研机构,建有国家(级)重点实验室 3 个、国防科技工业创新中心 1 个、省部共建协同创新中心 1 个、国家地方联合工程实验室 1 个、国家工科基础课程教学基地 2 个、国家基础学科拔尖学生培养基地 1 个、国家级实验教学示范中心 4 个;有本科专业 62 个、硕士一级学科授权点 31 个、博士一级学科授权点 17 个、博士专业学位授权类别 3 个、硕士专业学位授权类别 16 个、博士后流动站 17 个;现有航空宇航科学与技术、力学一级学科国家重点学科 2 个,二级学科国家重点学科 9 个,国家重点(培育)学科 2 个,国防特色学科 10 个。

图 3-9　南京航空航天大学

图 3-10　南京航空航天大学校徽

　　学校科学研究能力持续增强。建校以来,学校获部省级以上科技成果奖 1 718 项,其中国家奖 82 项,建有机械结构力学及控制国家重点实验室等 6 个国家级科研平台、81 个部省级科研平台,为新中国贡献了若干个第一。在国防科技领域,学校参与了我国几乎所有航空重要型号的预研、技术攻关、试验研究,有多项技术在"嫦娥"系列等航天工程中得到了成功应用,为我国航空航天事业发展做出了重要贡献。在国民经济领域,学校聚焦国家重大战略部署,积极推进政产学研合作,促进科技成果转化,构建了"国际创新港＋校地研究院＋联合实验室＋技术转移机构"成果转化模式,获批国家技术转移示范机构、国家知识产权示范高校、高等学校科技成果转化和技术转移基地,为国家经济和社会发展提供了有力支撑。

南京航空航天大学民航学院于 1993 年由原中国民航总局和中国航空工业总公司联合创建成立;2012 年工业和信息化部、中国民用航空局共建南京航空航天大学民航特色学科专业。

经过 20 年的建设,学院已形成具有本科、硕士、博士、博士后多层次的办学格局,成为我国民用航空领域的重要教学和科研基地。学院目前设有三个大类本科专业,即交通运输、飞行技术和飞行器适航技术,其中交通运输专业又分为空中交通管理与签派、民航运输管理、民航机务工程、民航电子电气工程、机场运行与管理 5 个专业培养方向。专业建设成效明显,"交通运输"和"飞行技术"专业均被评为江苏省特色专业,2010 年"交通运输"进一步成为国家特色专业建设点,2011 年"交通运输"和"飞行技术"获批教育部国家卓越工程计划,2020 年"交通运输"获批国家一流专业建设点。

为适应人才培养需求的变化,南京航空航天大学民航学院与民航局空管办、空管局等单位保持密切合作,成立了由行业专家和学院骨干教师共同组成的专业建设委员会,多年来不断地对空管专业教学计划和课程教学大纲进行优化,形成了特色鲜明的教学体系,专业办学能力得到民航局认可,具有空管和签派培训资质,是我国民航空管人才三大培养基地之一。自空管专业成立至今,共向民航空管系统输送了 1 500 余名毕业生,一批学生已经成长为空管系统的管理和技术骨干,并得到了用人单位的普遍好评。除养成培养外,还承担了空管 4＋1、签派 800 小时、管制检查员、管制教员、ICAO 英语等十余种行业培训任务,培训效果显著。

学校学术紧密围绕国家的重大发展战略,紧盯航空运输领域的前沿科学问题,重点在航空运输需求预测与行为仿真、航班延误机理与协同管控方法、空域/机场安全监视与管控技术和航空系统资源优化与容量技术提升等方面开展研究,旨在提高航空运输系统的可持续发展,为实施航空强国战略提供科技支撑。学院于 2012 年获批"国家飞行流量重点实验室",在空中交通流量管理和空域评估方面的研究代表了国内领先水平。学院以空管科研成果为依托,建设了"空中交通规划""空中交通流量管理""空管安全管理"等一批专业理论核心课程。

"十三五"以来,学院承担国家自然科学基金项目 68 项,其中重点项目 5 项、国际合作研究项目 1 项、国家重大专项 3 项、国家重点研发计划课题 2 项;获得国家和省部级科技进步奖 29 项,其中国家科技二等奖 1 项,省部级一等奖 8 项、二等奖 14 项;获日内瓦国际发明奖银奖 1 项;共发表学术论文 1 700 余篇,其中 SCI 论文 500 余篇;出版著作 50 余部,其中专著 30 余部;申请发明专利 450 余项,获授权发明专利 200 余项,已转化专利 2 项。

截至 2021 年,空管专业现有教师 30 人,教授 4 人,副教授 10 人,年龄在 40 岁以下的教师比例达 80%,具有博士学位及在职攻读博士学位的教师占 86%,几乎所有教师都具有民航空管行业岗位见习和工程实践经历。目前已有 13 位教师拥有中国民航局颁发的空中交通管制员岗位执照/飞行签派员执照/情报执照,具有良好的工程实践能力。教师中包括国务院学位委员会委员 1 人,空管委专家 2 人,江苏省青蓝工程 3 人,江苏省六大人才高峰 2 人,民航局科技拔尖人才 2 人,民航局科技重点领域创新团队 1 个。

学院在专业实验室建设方面,已形成程序管制模拟实验室、雷达管制模拟实验室、桌面式塔台管制模拟实验室、360°全景塔台模拟实验室、管制与航行新技术实验室、航空公司运行控制实验室、航行情报实验室、飞行流量管理实验室等学生实验平台,为提升学生实践能力提供了保障。在教学实践环节,学院充分利用外界行业资源,聘请行业资深空管教员参与管制模拟训练,依托华东地区空管局、江苏空管分局和安徽空管分局建立学生实习基地,提升学生实践能力。

3.中国民用航空飞行学院

中国民用航空飞行学院(见图 3 - 11、图 3 - 12)简称"中飞院",创建于 1956 年,是中国民用航空局直属的全日制普通高等学校,是中国民用航空局与四川省共建高校。学院作为中国民航培养高素质人才的主力高校,经过 60 多年的建设与发展,已成为全球民航职业飞行员培养规模最大、能力最强、水平最高,享誉国内,在世界民航有着较高影响力的高等学府。

图 3-11　中国民航飞行学院

图 3-12　中国民航飞行学院校徽

　　中国民用航空飞行学院源于人民军队,其前身是中国人民解放军第十四航空学校。1956 年,经周恩来总理批准成立,由毛泽东主席任命军政领导,肩负为国家培养合格民航飞行人才的特殊使命,伴随着新中国民航事业的起步而创建。学院几易校名,1956 年 5 月 26 日,经国务院批准,在空军支持下建立中国民用航空局航空学校,同年 9 月 22 日,经国防部批准,定名为中国人民解放军第十四航空学校;1963 年 10 月 25 日,按中央军委指示,更名为中国民用航空高级航空学校,并报国务院批准列入高等学校名单;1971 年 5 月 19 日,经中央军委批准,再次更名为中国人民解放军第十四航空学校;1980 年 8 月 7 日,经国务院、中央军委批准,更名为中国民用航空飞行专科学校;1987 年 12 月 15 日,经国家教委批准,升格为全日制普通高等本科学校,并更名为中国民用航空飞行学院。

学院本部位于成都平原腹地的四川省广汉市,毗邻成都市青白江区,校区地跨川、豫两省五市七个校区,占地面积 19 000 余亩。学院在四川新津、广汉、绵阳、遂宁和河南洛阳建有 5 个飞行训练分院,在自贡、梧州、哈尔滨建有合作飞行训练基地,管理运行 5 个通用及运输航空机场,拥有奖状 CJ1/M2(Cessna525)、新舟 600(MA600)等机型共计 21 种型号 400 余架初、中、高级教练机,以及空客、波音等 40 台全飞行模拟机、固定模拟机和练习器,各型航空发动机 500 多台。

学院图书馆馆藏纸质图书超过 150 万册、电子图书超过 580 万册、数据库 52 个,建立了 6 个以飞行训练、航空安全为主题的民航特色数据库,与中国商飞共建了国产商用飞机特藏室。学院建有世界一流的航空发动机维修培训中心,拥有教学用现役大型涡扇发动机 10 台,涵盖全球运输航空机队的主流配型发动机,是全球最大的 LEAP 系列发动机培训中心,是 CFM 全球四大培训中心之一。学院拥有国内最大、实力最强的通用航空维修基地辅助教学科研,是世界主流通航飞机制造商的授权维修中心,覆盖整机修理、发动机翻修和航空器部附件修理三大领域。学院设有中国民航局授权的民用航空器驾驶员执照理论考试点、飞行员语言等级测试考试点、民航管制员英语测试中心、航空器维修执照培训考试中心、飞行签派员培训中心、工程技术训练中心,并为中国民航建标、立法提供技术支持和培训。

学院立足民航,坚持特色发展,形成了以工为主,理、工、文、管、法、艺多学科协调发展的学科专业体系,现有 14 个二级学院、5 个一级学科硕士学位授权点,8 个专业学位类别硕士学位授权点,37 个本专科专业,覆盖了民航所有专业领域。其中,飞行技术专业、计算机科学与技术入选国家级一流本科专业建设点;交通运输、飞行器动力工程、电子信息工程专业入选省级一流本科专业建设点;获批 6 项教育部新工科研究与实践项目,已顺利结题 2 项。

学院有 3 个四川省优势特色一级学科,23 门省级一流课程,共获得四川省重点学科 1 个,优势学科 2 个,国家级人才培养模式创新试验区项目建设 1 个,国家级特色专业 2 个,省级特色专业 3 个,省部级本科专业综合改革项目 3 项,卓越工程师人才培养计划项目 5 项。2020 年 9 月,学院被列入"四川省级高水平大学"名单。

2018 年,教育部对学院本科教学工作进行审核评估,充分肯定了学院取得的办学成绩,并对学院飞行专业人才培养工作给予了高度的评价。

学院坚持把科技创新作为新时代民航强国建设的支撑,科技创新水平和服务社会能力不断提升,创新平台建设跃上新台阶,国家级重大研究项目实现新突破,成果转化应用迈出新步伐,形成了具有一定规模的科研资源体系,涵盖飞行技术与飞行安全、飞机防火与救援、智慧民航、通用航空、空中交通管理、机务维修等领域。学院按照省部级、学院级分类,建设多层次科技创新平台,获得省部级认定、共建重点实验室(工程技术研究中心)6个,校企联合实验室2个;获得民航"四型"科研院所(基础技术研究型、应用技术开发型、成果转化枢纽型、技术政策暨服务智库型)、"五大"基地(基础技术研究基地、应用技术开发基地、核心技术产业基地、成果转化效益基地、创新人才发展基地);参加产业技术创新联盟6个;评审认定学院重点实验室3类13个;按照标准评审研究中心12个、研究所24个,逐步培养具有一定行业影响力的科研团队;拥有'航空器防火救援院士工作站';获批"中国民用航空飞行学院(德阳)协同创新与科技成果孵化中心"。学院初步完成科技创新平台立体布局。

5年来,学院承担国家重点研发计划、自然科学基金、社会科学基金和软科学等各级各类科研项目2 000余项;获得各类科技成果和技术改进奖励300多项,其中省部级以上科技奖励21项,国家发明专利、实用新型专利等300多项;在国内外高水平学术刊物上公开发表成果1 100余篇,出版有影响力的学术专著50多部;形成行业标准、规范、咨询通告、政策建议等成果200余项。这些成果为政府和行业决策所采纳和应用,产生了良好的经济效益和社会效益,学院发挥了充分的智库作用。

空中交通管理学院是中国民用航空飞行学院下属的二级学院,从20世纪60年代开始从事民航空中交通管理人才的培养,现已成为专业设置合理、师资力量雄厚、设备先进、管理严格、质量可靠的培养民航交通运输领域高层次管理和工程人才的重要基地。

空管学院现有交通运输、导航工程、应用气象三个本科专业和一个交通运输工程研究生专业。其中交通运输专业是国家级特色专业、国家首批新工科建设专业。交通运输专业从20世纪60年代开始培养从事空中交通管制的飞行指挥人才,1983年开办航行管制专科,1992年全国首次开始国内外雷达管制资质培训,1996年升为交通运输本科,2006年获批硕士点,2019年被列为省级一流专业建设点。2005年和2015年交通运输专业全国首家分别获得民航局CCAR-65、121部飞行签派员培训颁证资质。

空管学院建成了民航局唯一的空管英语测试中心和国际民航组织最大的空管英语专家团队。"空管教学团队"为四川省高校教学团队,"空管运行与安全团队"为首批民航创新团队,空管、签派、情报和专业英语等教学团队获得民航局认证。专业通过开展对标国标,贯彻工程教育认证要求,对接行业,拓展新工科协同育人模式,产出导向,开展全面素质教育等专业改革,近五年培养了全行业50%以上的空中交通管制和航路运行等专业人才,行业内就业率在95%以上。

专业教师积极参加教学研究与改革,2018年以来发表教学研究论文18篇,主持完成校级以上教改项目108项,获得教学成果多项,在理论和实践教学中积极探索新的教学模式、教学手段和方法,有效地提升了教学水平。

本专业拥有高学历,年龄、职称结构合理的项目团队,团队具有稳定的研究方向,科学研究主要集中在空中交通管制新技术、流量管理、空域规划、航行新技术、航空气象等研究领域,教师参与科研的覆盖面达87%。2016年以来本专业教师承担项目纵向经费3715.7万元,横向经费942.75万元,发表相关学术论文共221篇,其中,SCI检索32篇,EI检索20篇,重要核心61篇。

截至2021年,交通运输专业有专职教师112人,其中正高级教师14人、副高级教师28人,具备博士学位教师40人、硕士学位教师58人,本专业毕业教师占48%,具有民航相关企事业单位工作经历的教师(18人)占16%。近年来,学院聘请了一批民航一线单位的行业专家作为兼职教师参与教学、培养方案制订与修改、学生实习和指导学生毕业论文工作。教师数量、专业结构、职称结构、年龄结构、学历层次、工程背景和聘请的兼职指导老师完全满足本专业工程教育和毕业要求培养的需要,符合专业认证标准和补充标准要求。

学院设有两个专业性的实验中心:航行实验教学示范中心(四川省实践教学示范中心)、航空情报、航空运行控制实验中心(四川省虚拟仿真教学示范中心),共有实验实训场地14个,使用面积3171m²。有实验教学仪器3

022 台/件,仪器设备总资产 10 742 万元。主要教学设备有:机场管制模拟机、雷达管制模拟机、程序管制模拟机、塔台管制模拟机、航空情报实验设备、航空运行模拟机等。

第二节　国外空管教育现状

世界各国,特别是一些航空发达国家,都十分重视空管人员的教育培训。美国、英国、法国等国家积累了丰富的经验,形成了比较完善的培养模式和运行机制,主要有学历教育模式、在职培训模式和混合模式,当前航空发达国家以职业培训模式为主。解析这些国家的空管教育培训理念和经验,对于优化我国空管教育体系,提高空管人员队伍的整体素质,确保空管人员队伍全面、和谐、可持续发展,具有很好的借鉴作用。

一、学历教育模式

国外学历教育的典型代表有法国、瑞典和俄罗斯。

(一)法国

法国空管教育体系与我国类似,采用了高等学历教育与职业基础技能培养并行的模式。法国空管人员主要分为两类:军航空管人员和民航空管人员。赴岗位之前的管制学历教育阶段都由法国国立民航学院(ENAC)培养,军航和民航空管人员学习的基础管制程序与规则是一致的。

1.空管体制

法国属于欧洲传统航空强国,航空制造业发达。法国空管体制大体分为两个阶段,1946 年以前,空管由航空部负责,1946 年法国民航局成立,由其负责民航空管,至此法国国内空中交通管理由民航局和空军共同负责组织与实施,实行军民航协调管制的模式。

民航方面,民用航空局由空中交通局、民用航空安全局、空中航行服务局和总秘书处组成。空中交通局负责民用航空空中航行规则的制定,民用航空安全局负责控制和监督空中安全和安保。空中航行服务局主要负责为民航飞行和执行运输、探测等任务的军事航空飞行提供管制服务。

军航方面,军事空中交通管理局(DIRCAM)负责依照空中军事航空规则管理空中航行。其由海陆空三军人员组成,隶属于空军,与空防和飞行指挥部有机联系。根据国防部的授权，DIRCAM与民航单位密切合作，处理空域使用和管理的相关事宜。其在全国有五个管制中心，负责国土防空、军用空域的管制指挥，包括按照国际民航组织的规则对在军事基地上空飞行的民用航空提供管制服务，并对全国境内的所有飞行活动实施监视，掌握飞行动态。

2.空管人员选拔

法国空管人员选拔主要依据应征者的学习成绩，重点是应征者对航空基础知识、数理和语言文学的考评，此外还必须通过身体状况体检。应征者只要通过一系列书面的和口头的科学、外语和选考科目考试就可以进入航空院校就读。用这种方法招募的管制学员，通过培训后，95%的管制学员成为了合格的空管人员。

(1)选拔程序。法国的空管人员教育体制与其他国家有所不同，一般来说，要进入法国国立民航学院学习，高中生要参加高中会考，成绩优秀者进入科学类预科班学习两年，然后再参加"法国高等工程师学校"入学考试，最后进入ENAC学习。法国每年共招收空管人员180名左右，一旦被选中，作为学员就享受正式的公务员身份和待遇，因此竞争十分激烈。一般报名和录取比例可达到10∶1，甚至20∶1以上。目前法国国立民航学院里面的管制学员，大部分都是经过上述选拔方式录取的，约占管制学员的90%左右，另外还有少量来自普通大学三年级的优秀学员。除基础理论成绩外，其他的要求主要是身体、视力、心智方面。

(2)测试内容。法国空管人员选拔考试十分严格，理论考试分为笔试和口试两种，只有通过笔试的方可参加口试。首先进行笔试，其中数学、物理、法语和英语为必考笔试部分，另外，学员还要选考数学、物理和技术中的一科作为必考笔试选考科目。航空常识、计算机和第二外语为笔试选考内容。笔试过关后才有资格进入下一轮口试阶段。为了达到教学资源充分利用，节约教育成本，提高教育效果，确定被录取的学员，将会在不同的月份分批进入学校。

3.教育培训机构

法国国立民航学院是法国国内唯一一所培养民航空管人员的学校，培养出来的民航空管人员被称为空中交通管理工程师(ICNA)，毕业后拥有工程师资格和相关高等学历。学制安排为 36 个月,10 个模块(见图 3-13 和表 3-1),学员在这段时间内轮换到 ENAC 和各管制单位接受教育,因此,学院和单位各自负责不同的模块教学,共同承担初始空管人员的基础教育和见习培训。此外,各区域管制中心培训部与 ENAC 也共同承担空管人员的在职培训任务。

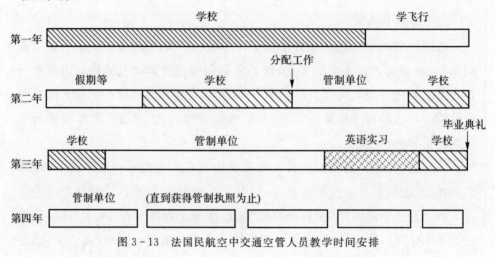

图 3-13 法国民航空中交通空管人员教学时间安排

4.教育培训内容

法国国立民航学院负责教学内容包括:空管基础知识教育、相关科学知识、各种规章制度、基础管制技术、学员实习、英语等,历时 18 个月,主要是学习民航管制基础。管制单位负责教学内容包括:陆空通话、管制设备使用、英语、区域内高低扇区管制等,具体负责管制技能的培养,直至民航管制执照的考试和获得。

对于军航管制学员,先在法国国立民航学院完成基础理论知识学习,当完成基础理论知识学习后,进行毕业典礼,然后到军方基地接受进一步的岗位培训。

5.教育培训特点

法国民航空管人员初始教育模式属于高等学历教育。军航空管人员与民航空管人员基础理论课程一致,都在法国国立民航学院一个学校进行学习,节约了教育资源;此外由于基础理论一致,这十分有利于全局上的军民航协同管制。

表 3－1　法国国立民航学院课程安排

初始学习阶段			深入加强学习阶段					考证阶段
模块 1	模块 2	模块 3	模块 4	模块 5	模块 6	模块 7	模块 8	模块 9,10
38 周 学校	14 周 实习	19 周 学校	16 周 单位	10 周 学校	24 周 单位	6 周 实习	4 周 学校	单位
塔台管制 VFR 学习 9 周，区域管制 14 周，民航单位参观 1 周，进近管制 6 周，塔台管制 IFR/VFR 6 周	轻型航空器驾驶学习 8 周，塔台实习 4 周，管制英语	区域管制学习 10 周，进近管制学习 8 周，参观航管 2 天，学习评估 1 周	各派遣单位模块-塔台-进近	基础知识学习-ATFM-英语等的 7 周，航空公司实习 1 周，模拟机集中练习 2 周	各派遣单位模块-区域-塔台-塔台实习 2 周换实习 2 周	英语国家口语实习	基础知识学习-英语-人为因素等，毕业答辩，获得学位	继续工作和教育，直到获得执照
		分配到各大管制单位				正式到管制单位工作		获得管制资格
18 个月			18 个月					3～18 个月

注：①VFR：Visual Flight Rules(目视飞行规划)

②IFR：Instrument Flight Rules(仪表飞行规划)

③ATFM：Air Traffic Flow Management(空中交通流量管理)

针对民航管制学员,在培养上有以下特点。

(1)采用大学学历教育模式,教学内容更加全面,学员知识架构更加完善,但培养周期较长。

(2)学校教育与单位实习相结合。学员先在学校学习理论知识,再到管制单位进行实地实习,逐渐实现从模拟环境到真实环境的过渡,使理论知识与实践经验更加有效结合,学习效率更高。

(3)生源选拔严格,学员质量较高。能进入法国国立民航学院的学员主要经过科学类预科班的学习,而该预科班就以严格的选拔而著称,对学员数理逻辑等方面的能力要求很高,而这些能力与空管人员工作具有较高的关联性。

(4)工作地点重新部署计划。重新部署计划指的是根据学员在培训中的表现,安排其工作地点。表现好的可优先选择工作单位,一般可选择大一些的区域管制中心,表现差的可选择小机场的管制塔台等。这样的优胜劣汰分级安排体系考虑了管制学员的能力情况,做到了各尽其才,人尽其用,保证了其管制学员的培训成功率。

(二)瑞典

瑞典空域为统一管制,军民航共同使用,瑞典空管人员同时负责军航与民航的飞行活动。2010 年,瑞典空中导航服务商(LFV)与瑞典林雪平大学(Link Ping University)签订了一个培养空管人员的"学院计划"(ASP Program)。当前瑞典空管人员的培养几乎都来自于"学院计划"。

1. 空管体制

瑞典民航局负责瑞典空中导航服务,为瑞典民航和军航的飞行提供服务。瑞典民航局的组织结构,如图 3-14 所示。

2. 空管人员选拔

瑞典空管人员选拔步骤一般包括:

(1)FEAST(First European Air Traffic Controller Selection Test)测试。FEAST 是欧洲航行安全组织(EUROCONTROL)研发并推行的首套新的空管人员选拔测试系统。测试的内容包括知识、技能和潜在管制能力。FEAST 测试包括三个模块:一组认知能力测试和英语测试;ATC 工作潜能测试;FEAST 人格问卷调查(FPQ)。它是基于网络的专业测试平台。

(2)面试。工作/培训面试由瑞典行为学专家和行业代表组成。遴选委员会将决定谁会进入到最后的面试阶段,最终面试和选拔往往是与管制招聘单位一起决定。

(3)体检。

(4)背景安全检查。

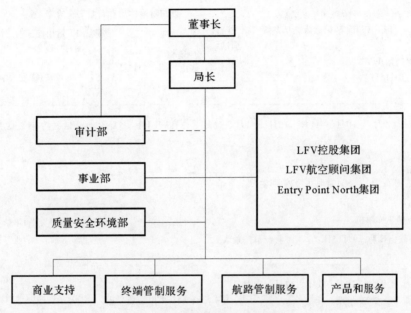

图 3-14　瑞典民航局的组织结构

3. 教育培训机构

林雪平大学自然科学与工程技术系(ITN)的空中交通与逻辑专业是瑞典空管人员本科基础理论知识学习的教育机构,也是唯一教学单位。

北欧空管学院(Entry Point North,EPN)是丹麦、瑞典、挪威三国联合建立的学院。该学院具备欧盟空管人员培训资质,具有先进的办学理念、严格的教学标准和丰富的教学设备,是欧洲一流的空管人员培训机构。北欧空管学院一般承担瑞典空管人员初始培训课程,按照 ICAO 的标准进行授课和技能培训。

瑞典民航局培训机构提供针对瑞典空管人员的本国具体运行培训、军航活动管制培训等。

4. 教育培训内容

管制学员在林雪平大学自然科学与工程技术系(ITN)的空中交通与逻辑专业先进行 1.5 年的大学基础知识学习,然后进入位于马尔默的北欧空管学院(EPN)进行 1.5 年的基础技能培训,然后继续由瑞典空中导航服务商(LFV)提供 8~25 周的过渡性培训。接着管制学员到运行单位进行 9 个月的在职培训（OJT），在岗位培训的同时完成他们的毕业论文，获得学士学位。林雪平大学空管基础教育流程图，如图 3-15 所示。

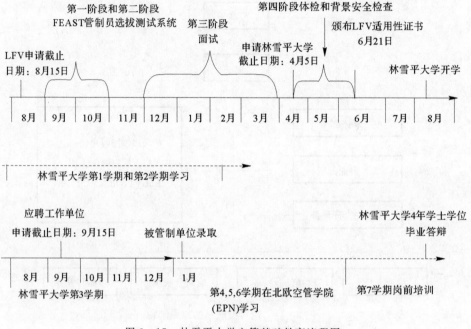

图 3-15　林雪平大学空管基础教育流程图

在北欧空管学院，所有的管制学员都必须首先完成进近/终端雷达管制（APS/TCL）基础培训课程，然后塔台进近管制学员继续进行进近/机场管制（APP/ADI）等级课程，区域管制学员继续进行区域雷达管制与区域程序管制（ACP/ACS）等级培训课程，以上课程内容都以 ICAO 标准进行培训。随后，在瑞典工作的学员会接着学习由瑞典民航局提供的过渡性培训课程。

在该课程中，管制学员将了解瑞典民航局、瑞典的航空规则和瑞典军航空管。对于那些今后要到军用机场或军民合用机场工作的瑞典管制学员，他们还必须学习 8 周左右的军方运行程序课程，包括基础培训、等级培训和过渡性培训。

5.教育培训特点

瑞典空管人员培养教学计划以适应于现代企业和劳动市场需求为办学宗旨，运用现代的教育学理论和系统学理论为指导，合理安排教学模式。该教学计划克服了传统大学培养的学员理论脱离实践的弊端，同时具有深厚理论基础和解决科研、生产、管理等高难实际问题的动手能力。

（1）瑞典空管人员的培养适应了本国发展和欧盟单一天空计划的需求，开发的课程适应性强。在北欧空管学院的培训课程以 ICAO 标准和规章为基础进行讲解，具有通用性，可以整合教育资源，与挪威和丹麦结盟，共同培养三国的空管人员。

（2）人性化培养方法，既满足了对学员进行高等教育的要求，也满足了空管行业的需求，综合考虑了各方面的因素，达到了资源的有效利用。一旦学员没有被录取为空管人员，还可以选择林雪平大学开设的其他专业课程，培养方案灵活。

（3）巧妙地运用了系统学理论，将高校理论优势与管制学院的技能培养优势进行综合，将民航与军航管制进行有效的融合，达到了一个培养模式下多种培养目标的统一。

（4）培养专门化，签约区域管制的学员在技能培养期间可以不用学习机场管制，缩短了培训周期。

（三）俄罗斯

俄罗斯有近 8 000 名空中交通管制人员，在独联体其他国家还有 6000 余人，在各级军民航联合中心工作的军方空管人员有 900 余人。俄罗斯培养空中交通管制人员分三个方面：一是基础训练，二是技能的巩固和提高，三是改装训练和提高。

1. 空管体制

1962 年以前，苏联空中交通管制工作由军队统一组织实施，民用空管机构仅负责民用航空器和军用航空器在航路上的管制服务。1962 年之后，苏联空中交通管制工作改由空军统一组织实施，军民航分别指挥。1974 年，苏联政府批准成立"空中交通管制统一系统"，将军民航双方的空管部门纳入统一组织之中。军航管制单位由国防部负责，民航管制单位由民用航空部负责，军民航双方对空域联合使用的协调由军航管制部门负责。1990 年，为了更有效地使用空域，苏联政府又成立了空域使用及空中交通管制委员会，主要目的是为了建立国家统一管理的空管系统。

苏联解体后，俄罗斯于 1992 年成立了"俄罗斯联邦政府空域使用及空中交通管制服务委员会"，继续履行苏联空域使用及空中交通管制委员会的职责。1996 年，俄罗斯决定成立国家空中交通管理公司（State ATM corporation），对空中交通管理系统进行统一管理。2006 年 3 月，为改善国家空中交通管制系统,提高国家空中导航服务的安全和效率,俄罗斯建立了联邦航空导航局,国家空中交通管理公司成为其附属单位。2010 年,俄罗斯对其空管组织体系进行了进一步改革,将原由交通运输部管理的民用航空机构与联邦航空导航局合并为联邦航空运输署。

俄罗斯空管体制几经调整改革,2010 年确定由联邦航空运输署负责统一组织全国飞行管制。当前,俄罗斯空中交通管制统一系统包括一个国家管制中心、8 个区域管制中心、70 个地区管制中心和 63 个辅助地区管制中心。各管制中心通常由军、民两部门组成,个别地区也可由单一部门组成。

2.空管人员选拔

俄罗斯的管制学员一般在高考或中专毕业后,通过入学考试、职业心理测试和体检后才能进入民航院校学习。需要说明的是,在入学考试中,对管制学员的英语考试十分严格。

3.教育培训机构

俄罗斯空管人员的教育由与国家教育标准一致的中级或高级职业级别的教育机构提供,主要的教育机构如下:

(1)莫斯科国立民用航空技术大学。莫斯科国立民用航空技术大学成立于1971 年,当时名为莫斯科民用航空工程学院。莫斯科国立民用航空技术大学在民用航空专家培养方面,在俄罗斯处于领先地位。学校共有 4 个系,机械系、航空系统系、社会交通管理系、应用数学和计算科学系,有 4 个中心科学研究实验室,一个俄罗斯联邦民用航空职业培训中心。

(2)圣彼得堡国立民航大学。圣彼得堡国立民航大学负责基础训练,培养具有高等教育水平的管制员,培训周期为 4 年。1995 年,苏联政府决定在民航局的监管下进行民航高级指挥人员的学习预先研究,于是"民航高级学校"的教育机构诞生。2004 年,民航学院通过了国家认定并且获得了新的身份——圣彼得堡国立民航大学。半个世纪以来学校为民航界提供了 25 000 名管理人员和高级专家。

(3)克拉斯诺雅茨克民航技术学院。克拉斯诺雅茨克民航技术学院与圣彼得堡国立民航大学负责基础训练,培养中等教育水平的管制员,培养周期为 2 年10 个月。

培养空管人员的院校还有乌里扬诺夫斯克高级民航学校、雷利斯克民航技术学院和鄂木斯克民航飞行训练与技术学院。

培训方面,俄罗斯民航空管人员的培训工作目前主要由国家空中交通管理公司的空中航行学院负责。空中航行学院于 2004 年成立,目前已成为俄罗斯统一空管系统继续专业培训的主要和顶尖培训中心,既有理论培训也有实践培训。该学院可提供空管基础培训、再培训和继续专业培训课程。

4.教育培训内容

俄罗斯预备空管人员在民航院校进行理论学习和实践训练,学员毕业后获得三级空管人员证书,然后被分配到管制单位,经过 3～6 个月实习,通过考试可以得到独立工作的初级许可证。管制学员在学习期间,由模拟机进行辅助教学,模拟机教学课时为 360 小时。管制学员不仅学习基本技能,而且还要学习在实际工作中如何进行军民航管制指挥的配合。空管人员在职期间的巩固和检查也非常严格,包括每月 8 小时的职业训练,一年两次的模拟机训练和两年一次的语言训练等。

5.教育培训特点

(1)俄罗斯空管人员的培养根据单位需求与多类院校进行合作,可分别培养出中级和高级教育水平的空管人员。

(2)俄罗斯非常重视空管人员的语言训练,对于非英语母语国家空管人员每两年一次的语言培训可以保持空管人员外语水平的稳定性。

(3)俄罗斯培训考核十分严格。在技能巩固和检查、改装训练和提高这两个阶段的考核严格,不流于形式,作风严谨。

(4)重视培训质量,加大培训投入。成立了国家级空中航行学院,统一负责俄罗斯空管人员培训工作,统一规划培训资源,组织培训工作。

二、职业培训模式

世界各航空发达国家中有很多国家的空管基础教育都采用了职业培训模式,其中比较有代表性的国家是英国、德国和新西兰。

(一)英国

1.空管体制

英国有军民两套空中交通管理体系。军队的空管由国防部下属的军事航空局负责,民航的空管由运输部下设的民用航空局负责。军事航空局负责军事航空的运营、技术管理、监督和保障,以确保军用航空系统的安全设计和使用。民用航空局负责监管民用空中交通服务的认证、人员选派和审批事宜,并负责监管空管人员的培训和执照颁发。

民用航空局设立联合空中导航服务委员会,其成员包括空域政策处、消费者保护处、监管政策处、空中交通服务提供方以及军事空中交通服务部门的代表。作为国防部和空中交通服务提供方分析和解决问题的平台,联合空中导航服务委员会积极发挥着协调作用,将军民航纠纷控制在最小范围内,其每年向民航局提交一份书面报告,评估国防部与空中交通服务提供方之间空管联合运行的有效性。

英国的空中交通服务由国家空中交通服务公司(National Air Traffic Services,NATS)、国防部和其他私人空中交通服务组织负责提供,其中 NATS 是英国唯一的航路服务提供方。

2.空管人员选拔

英国民航空管人员的选拔由国家空中交通服务公司于 1983 年委托职业心理测试公司完成。该公司在设计选拔程序过程中充分考虑了管制工作的具体需求,其能力要求与德国、美国联邦航空局的相关研究基本一致。选拔程序主要包括四个阶段:预选、能力测试、机试和面试。

3.教育培训机构

英国军航空管人员培训机构主要是皇家空军下设的中央空中交通管制学院,其为空军、海军和海外的学员提供军航空管人员课程。资源集团公司(Resource Group Ltd)同样能够为军方提供空管人员培训。

英国民航空管人员培训机构目前为三家,分别是 NATS 培训学院、资源集团公司(Resource Group Ltd)和全球航空培训服务公司(Global Aviation Training Services Ltd)。这些培训机构在开展培训前必须向民航局提交培训计划,经批准后方可实施。

4.教育培训内容

NATS 培训学院培训学制为一年半。培训的规格是根据执照的标准制定的,按执照等级由低到高划分为:机场管制、程序管制和雷达管制。在每个执照等级培训结束后都有部分学生被淘汰:在第一个执照等级淘汰的学生就终生告别了管制职业;第二个执照级别被淘汰的学生只能做机场空管人员;第三个执照等级被淘汰的学员则只能担任程序空管人员,累计淘汰率高达 60% 左右。

教育培训内容分为两大部分。第一部分是基础教育,分为机场空管人员培训和区域管制人员培训:机场空管人员培训内容包括机场塔台管制、进近管制和雷达管制;区域管制人员培训内容包括区域管制、区域雷达管制和数据自动化处理技术。第二部分是为在职人员提供的进修培训。

NATS 培训学院空管人员基础教育流程图如图 3-16 所示,学员首先学习 10 周航空基础理论,内容包括航空法规、空中交通管制、导航、气象等,然后参加

2 周的飞行训练课程;休假一周后,接下来是 11 周的机场管制课程(理论部分 3 周,模拟训练部分 8 周);然后是 6 周的机场管制实习,实习期间,现役空管人员会根据学员实习情况决定其能否继续考雷达执照;被淘汰的学员就只能做机场空管人员,他们将结束学校培训,继续参加机场空管人员培训,而未淘汰的学员将继续参加几周的岗位培训和 6 周雷达管制基础模拟训练;然后学员通常会根据管制部门的实际需求和个人意愿选择区域管制和进近管制两个方向,两者培训模式一样,大约三分之二的时间(24 周)用于学习理论和模拟机,另外三分之一的时间(12 周)用于到一线岗位实习,理论紧密联系实际,培训效果比较高;毕业后,他们被分配到某管制单位工作,继续接受在职培训。

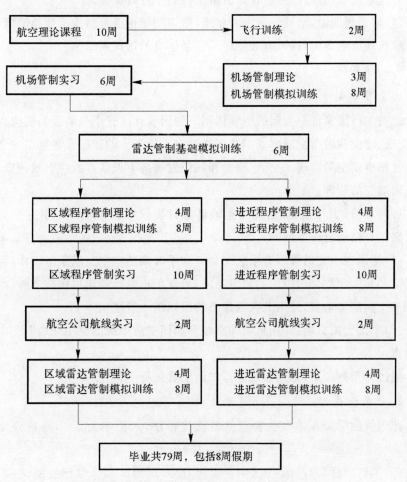

图 3-16　NATS 培训学院空管人员基础教育流程图

5.教育培训特点

英国空管人员教育培训具有以下特点：

(1)较为完善的选拔机制,英国早在1983年就开始建立选拔机制,设计选拔程序过程中充分考虑了管制工作的具体需求,保证了生源的质量。

(2)培训效率高,学校教学与岗位实习穿插进行,理论教学与岗位实践相结合,培训效率较高。

(3)淘汰率高,每个执照等级培训结束后都有部分学员被淘汰,淘汰率累计高达60%,顺利完成培训的空管人员不仅具有扎实的理论基础,同时还具有良好的心理素质和工作技能,空管人员素质得到了有效保证。

(4)培训周期短,培训学制为一年半,培训期间重视管制学员技能的培养,而不以学员获取学历为目的,有效缩短了管制学员的培训周期。

(二)德国

1.空管体制

德国实行国家统一管制的空管体制。德国管理空管事务的最高机构为国防部,交通、建设和城市发展部。国防部通过空军局下设的德国军事航空安全办公室负责军事航空的管理。交通、建设和城市发展部下设联邦航空事故调查局,负责民用航空的管理。

1991年11月6日,国防部与运输部签订协议明确了地区军事空中交通服务框架和军民航合作原则,即:

(1)德国空中交通管理有限公司负责和平时期的空中交通服务工作,但需满足国家和北大西洋公约组织的防卫需求,出现危机时除特定民用航空外,空中交通服务交国防部负责,并由北大西洋公约组织统一管理。

(2)军民合用机场、军用机场的空域和德国空防系统的空中交通服务由国防部负责。

通过一系列改革,德国实现了军民航空管运行一体化。

2.空管人员选拔

德国管制学员入学有一套完整的选拔程序,入选率为5%,选拔分为三个阶段:

(1)笔试,时间为两天,包括14套能力/知识测试和个性问卷测试,其中能力/知识测试内容主要包括英语能力、机械理解能力、速度感知能力、空间理解能力、计划编制/决策、心算能力、记忆能力、注意力分配和警惕性,个性问卷测试内容主要包括动机、情绪不稳定、行动机械、外向、内向、有活力、外向型、移情能力和灵活性。

（2）机试，测试内容包括思维速度和准确能力、动态的决策能力和多任务处理能力等。

（3）面试，主要是心理方面的面试。

3.教育培训机构

德国空中交通管理有限公司（DFS）航行服务学院（Air Navigation Services Academy）是德国主要的空管人员教育培训机构。国防部和运输部的部际协议明确了该学院对军民航空管人员的培训职责。学院的主要职能是为德国空中交通管理有限公司确定培训内容、培训对象和数量，制定与实施基础培训课程。该学院同时还为各级管理人员、技术监督人员、空管员领班、兼职教员和仿真设计人员提供提高培训和管理培训。

4.教育培训内容

DFS航行服务学院的空管人员教育培训分为初始培训和提高培训两部分。培训内容具体如下。

（1）初始培训。处于管制培训初级阶段的培训课程主要有：①基础理论；②机场管制课程（塔台目视飞行规则管制、塔台仪表飞行规则管制、塔台雷达管制等）；③雷达管制；④程序管制。

（2）提高培训，主要包括恢复训练和紧急情况训练。培训课程主要有：①对相关恢复训练的建议；②对机场和塔台空管人员进行紧急和复杂飞行情况下的管制训练；③申请军方程序管制的训练。

（3）该学院的课程设置清单：

· 空管基础课程

· 流量管理席位

· 机场管制课程

· 进近雷达管制课程

· 区域雷达管制课程

· 移交课程（进近雷达到区域雷达）

· 移交课程（区域雷达到进近雷达）

· 岗位培训前雷达管制

· 雷达复训课程

- 情况培训
- 程序管制和区域雷达管制结合管制课程
- 航空情报服务自动化
- ATC 自动化
- 欧洲空中交通管理项目介绍
- ATS/ATC 介绍
- ATC 安全
- ATC 自动化介绍
- ATS/ATC 和欧洲空中交通项目介绍
- 技术主管管理
- 带班主任管理
- 空域管理
- 仪表飞行程序设计课程
- 联合航空规则 OPSl 简介
- 数据通信(地/地和地/空)
- 雷达技术介绍
- 监视/通信/导航
- 教员进修课程
- 岗位培训的管理/教学方法
- 教学工具
- 实践评估方法
- 雷达模拟训练设计
- 课堂设计
- 测试方法
- 航空公司签派员基本训练
- 签派员飞行运行程序
- 复训课程
- 航空器性能工程学
- 通用高级英语
- 航空情报服务/航行通告人员专业英语
- 运行人员专业英语

·模拟训练保障人员专业英语

·技术/工程人员专业英语

(4)时间安排,见表3-2。

表3-2　时间安排表

学　制	两个阶段	内　容	课　时
三年	18个月 基础课程	参观	1周
		理论学习并考试	17周
		体检	2周
		加深理论学习并考试	28周
		模拟培训	23周
	18个月 岗位培训	塔台评级课程	14周
		塔台雷达培训	3周
		终端区域管制资格培训	5周
		区域管制监视评级课程	17周
		进近管制监视评级课程	17周

管制学员在基础课程和岗位培训两项考核合格后方可拿到毕业证书和相应的执照,正式工作。

5.**教育培训特点**

(1)职业培训模式。德国与英国一样,空管人员教育培训为职业培训模式,在培训过程中轻综合能力培养,重专业技能培养,毕业合格的学员专业技能水平较高。

(2)军民航空管人员统一培训。在德国,为确保空管一体化的全面进行,军民航空管人员要接受统一培训,军航空管人员既能担任军航管制工作,又能担任民航管制工作。

(3)严格的选拔和淘汰机制。学员入学有一套完整的选拔程序,入选率为5%,学制3年,培训淘汰率接近50%。

(4)理论与实践紧密结合。在管制学员的3年培训中,前18个月是在校基础课程,后18个月是岗位实习培训。真正做到了理论与实践紧密结合,毕业合格的学员理论知识掌握比较扎实,同时对一线空管运行情况也非常熟悉,能够很快投入到实际工作中去。

三、混合模式

(一)美国

1.空管体制

美国空中交通管理体制的沿革以 1958 年为界,大体分为两个阶段。1958 年以前,全国分为军航和民航两个系统,实行分别管制,设立航空协调委员会,负责协调军民航空中交通管制方面的关系。在这种体制下,曾连续发生多次空中航空器相撞事故。时任美国总统德怀特·D.艾森豪威尔认为,国家空管体制必须改革由一个统一的系统进行管理,并于 1956 年任命柯蒂斯将军为航空设施规划特别助理,具体负责改革工作。1958 年,由国会通过并经总统批准,美国设立联邦航空局(FAA)统一负责美国的空中交通管理。

2003 年 10 月,联邦航空局在整合原有空中交通服务、自由飞行规划等部门的基础上成立了由首席运行官领导的空中交通组织。截至 2010 年,空中交通组织共有工作人员 35 000 名,占联邦航空局全部 47 465 名工作人员的 74%,联邦航空局负责国家空域的管理,但空域的划设和调整需要征求国防部和国家航空航天局的意见,或者同国防部和国家航空航天局共同划定,这样就从管理机构设置和程序上保证了军事单位对空域使用的要求。

联邦航空局将美国境内共划分为 9 个地区,各设地区办公室,作为本地区航空业务的工作机构,负责审查、颁发本地区航空领域内各种证件和执照并对所辖地方机构实行技术指导和管理。除 9 个地区办公室外,联邦航空局还有一些地方机构,它们是各种不同类型的航空基层管理组织,如空中交通管制中心、飞行服务站、各类质量检查和标准审定办公室、航空保安机构等。这些地方机构直接负责空中交通管制任务,为飞行提供导航服务,接受各种合格证的申请,监督和检查安全质量,参与调查航空器事故和违规时间,进行飞行现场的保安管理等。

2.空管人员选拔

(1)FAA 空管人员来源途径分析。美国国家空域系统内的空中交通服务统一由 FAA 提供。所有军民航航空器的运行管制服务均由 FAA 签约空管人员负责,管制运行规则军民航一致。通常有三种途径可成为 FAA 空管人员。

途径 1:申请者已拥有先前的空管人员经验。FAA 重视和雇佣已经有空中交通管制经验的男女空管人员。例如:拥有军航管制经验的退伍军人;退休的军队空管人员;现役的或先前的民航空管人员。最低要求是:必须拥有能证明申请人能胜任空管人员职责的知识、技能和能力的连续 52 周的在军队或民航空中交通管制设施的空中交通管制经验;掌握了全面的空中交通管制法律、法规和规章知识。

途径 2:申请者没有先前的空管人员经验,但已获得学位。美国普通民众也可申请空管人员职位,而不需要先前的空中交通管制经验。基本要求是:

- 美国公民;
- 大多数情况下不超过 31 岁;
- 通过体检;
- 通过安全调查;
- 拥有三年积极负责的工作经验或者有一个全四年课程的学士学位,或者同时满足以上两个条件;
- 通过雇佣前测试且达到 70 分以上;
- 英语足够清晰,使你通过通讯工具交流时能被理解;
- 通过面试。

途径 3:申请者可以通过参加空中交通管制学院初始培训项目(Air Traffic Collegiate Training Initiative, AT‑CTI),获得学位并成为 FAA 空管人员。FAA 与许多学院和大学有合作伙伴关系,这些学校提供两年或四年教授空中交通管制基础知识的非工程民航学位。AT‑CTI 项目毕业者在签约高校直接学习空中交通管制基础课程,这些课程通常为在美国联邦航空学院(FAA Academy)最初 5 周的资格基础培训课程。美国联邦航空学院培训还包括终端或航路初始培训,其中终端管制初始资格培训为期 37 天,区域管制初始资格培训为期 62 天。管制学员必须成功完成所要求的在美国联邦航空学院的所有培训才能继续保持与 FAA 的雇佣关系。

一般步骤为:

- 成功完成一个空中交通管制的学位项目；
- 获得一份学校的官方推荐；
- 美国公民；
- 大多数情况下小于 31 岁；
- 通过体检；
- 通过安全调查；
- 达到 FAA 雇佣前测试至少 70 分标准；
- 成功通过面试；
- 在 CTI 通告的指导下向 FAA 递交申请；
- 一旦被接受，获得一份固定的录用信，随后会按照课程计划被送往位于俄克拉荷马市的美国联邦航空学院培训；
- 进入美国联邦航空学院学习；
- 通过所有在美国联邦航空学院要求的课程；
- 到被派遣单位报道，进行真实场景培训。培训分阶段进行，包含了教室、模拟室和在职培训。

(2)FAA 选拔具体内容。FAA 应聘空管人员必须符合的要求具体内容包括：

1)申请者应小于 31 岁，符合体检要求。根据科学研究，一些健康问题和某些身体器官退化引起的发病始于 30 岁。空管员每天负责成千上万人的安全和利益，工作压力大、强度高，工作时精神高度集中决定了这项工作需要极大的体力损耗。因此，FAA 要求申请人必须是优秀的，而且身体是健康的。

申请者必须通过严格的体检，包含：视力标准、彩色视力标准、听力标准、心血管标准、神经标准、精神病标准、糖尿病、药物滥用和依赖、心理测试、一般体检。

2)符合 FAA 空管员测试 70 分要求。美国现行的空管人员选拔系统研究始于 1996 年底，主要是为了解决因大罢工而招聘的空管人员将会在同一时期退休而导致数量不足的问题。这套选拔系统为 AT‐SAT(Air Traffic Selection and Training)，是一套以计算机为基础的测验，耗时 8 个小时，申请者可以在不同地方的社区测试中心进行考试，非常方便。因此，被 FAA 正式作为官方的空管人员选拔测验。所有申请者必须达到 FAA 入职前测试至少 70 分要求,才符合 FAA 录用标准。如果申请者有先前的管制经验,例如有军航管制经验,则不需进行这项测试。

早期,AT‐SAT 共由 12 个子测验组成,进行大量效度验证后,保留了 8 个子测验,即现行的 AT‐SAT(见表 3‐3)。在表中,除了经验问卷测试性格特征外,其他 7 个主要是认知能力的测试。其中空中交通管制情景、角度、字母工厂和扫描测试都是动态交互式的,需要用计算机来完成,其他的都是纸笔测试。最后进行加权得到总分数。

表 3‐3　AT‐SAT 测试内容

子测验名称	内容描述
读数(拨号)	扫描和理解读数
应用数学	解决与距离、速度及时间有关的基本数学问题
扫描	扫描动态的数字显示以检测经常变化的目标
角度	判定交叉线条的角度
字母工厂	参加一种交互式动态的活动,考察归类技巧、决策、优化、工作记忆和情景意识
空中交通管制情景	在交互式、动态的低保真度空中交通情景模拟中管制航空器已达到优化
类比	为语言的和非语言的类比问题,要求进行工作记忆并形成关系概念
经验问卷	回答有关人生经历和"里克福特"等级问卷

每年 FAA 会向公众定期开放空缺职位情况,一旦空缺公告关闭,申请者将会被通知参加这项测试。测试通常在收到通知后的 4～8 周进行。这项测试不收取申请者任何费用,如果申请者想要重新参加测试以获得更高的分数,FAA 会帮助申请者重新测试。这些测试的分数会被保留三年。通过该系统测试后,学员被 FAA 雇用并送到航空学院进行大约 15 周的培训,通过培训表现评估后,再派到一线管制单位进行在职培训。

3)符合空管员安全调查要求。FAA 空管人员的候选人必须通过严格的安全背景调查。鉴于目前的全球安全状况,FAA 希望确定那些符合美国空域安全的人是没有任何不光彩军事记录和民事犯罪记录的可靠的人。此外

FAA会考虑申请者是否存在任何潜在的指控,包括酒后驾车,违反枪支条例,虚假简历,或与已知犯罪嫌疑群体的隶属关系。一般那些面临财务问题,如丧失抵押品赎回权,破产,故意无视财务责任(子女抚养费)的申请人同样将被拒绝。换句话说,FAA将会雇佣一个有干净历史记录的没有不检点行为的人。安全背景调查问题的类型通常包括:军队服役期间是否有不良记录;对政府忠诚度的问题;在递交简历或考试时的不诚实的证据,例如虚假简历;与毒品有关的罪行;重罪罪行;枪支或爆炸物罪行;与酒精有关的事故;故意无视财务责任;不良的退职记录。

4)符合空管人员的教育要求。申请人必须达到一定的教育水平。例如,申请人可选择参加一所提供空中交通管制特殊课程的社区学院;或申请人已经获得在其他领域的四年制的学位;或申请人已经在民航相关职业被雇佣三年或三年以上,相关的工作经验已具备一定的教育水平,例如,飞行员、导航员。

3.教育培训机构

(1)美国联邦航空学院和CTI项目合作院校(见表3-4)。

表3-4 美国联邦航空学院和CTI项目合作院校(部分)

序 号	英文名称	中文名称
1	Aims community college	埃姆斯社区学院
2	Arizona State University	亚利桑那州立大学
3	Broward College	布劳沃德学院
4	Community College of Beaver County	毕佛县社区学院
5	Daniel Webster College	丹尼尔·韦伯斯特大学
6	Dowling College	道林学院
7	Eastern New Mexico University - Roswell	东新墨西哥大学—罗斯韦尔分校
8	Embry Riddle Aeronautical University - Daytona	安柏瑞德航空大学—代托纳分校
9	Embry Riddle Aeronautical University - Prescott	安柏瑞德航空大学—普雷斯科特分校
10	Florida Institute of Technology College	佛罗里达理工学院

续表

序　号	英文名称	中文名称
11	Florida State College at Jacksonville	佛罗里达州立大学—杰克逊维尔分校
12	Hampton University	汉普顿大学
13	Hesston College	赫斯顿学院
14	InterAmerican University of Puerto Rico	泛美波多黎各大学
15	Jacksonville University	杰克逊维尔大学
16	Kent State University	肯特州立大学
17	LeTourneau University	莱图尔诺大学
18	Lewis University	路易斯大学
19	Metropolitan State University of Denver	丹佛大都会州立大学
20	Miami Dade College	迈阿密达德学院
21	Middle Georgia College	东乔治亚学院
22	Middle Tennessee State University	中田纳西州立大学
23	Minneapolis Community and Technical College	明尼阿波利斯社区和技术学院
24	Mount San Antonio College	圣安东尼奥山学院
25	Purdue University	普渡大学
26	Sacramento City College	萨克拉门托城市学院
27	St. Cloud State University	圣克劳德州立大学
28	The Community College of Baltimore County	巴尔的摩县社区学院
29	Texas State Technical College – Waco	德克萨斯州技术学院—韦科分校
30	Tulsa Community College	塔尔萨社区学院
31	University of Alaska Anchorage	阿拉斯加安克雷奇大学
32	University of North Dakota	北达科他州大学
33	University of Oklahoma	俄克拉何马大学
34	Vaughn College of Aeronautics and Technology	沃恩航空技术学院
35	Western Michigan University	西密歇根大学

(2)FAA空管人员培训机构。美国联邦航空学院承担FAA签约空管人员的培训工作,它是世界上最老的和最有名的航空培训学校之一,位于俄克拉荷马州城市。每年美国联邦航空学院给数以千计的培训人员提供专业的训练,从而使他们能够操作而且维持世界上最忙碌的和最复杂的航空系统,是高级航空专业技术的培训基地。50多年来,该学院为世界各地的政府部门培养了一大批专业人员,自1946年该学院成立以来,来自171个国家的11 000多名参加者参加了该学院的培训。

该学院具有现代化的教室、实验室和训练设备。训练可以同时在多媒体教室和高仿真实验室中进行,培训的手段多种多样。训练科目的安排本着充分利用学校设备资源的目的,减少成本,提高效率。学院主要包含6个技术培训部门和2个支持培训部门:空中交通部门、航路设备部门、机场和后勤部门、航空安全培训部门、操作支持部门、管理标准部门、培训支持部门、国际培训部门。

美国联邦航空学院由北美学校协会中心(NCA)批准运行。另外,美国教育委员会,即美国中级教育协调机构,通过了对该学院的课程和信用评估,超过300个美国联邦航空学院课程现在符合他们的严格标准。空管人员培训课程有230个,其中,包括课堂课程和基于计算机的教学课程(CBI),由空中交通部门(AMA - 500)负责(具体课程可参照FAA官方网站http://www.faa.gov/)。

美国联邦航空学院开设的管制学员基础训练包括14个基础模拟练习,一旦他们完成课堂和基础模拟训练就会到管制单位进行实地培训。目前,管制单位设有模拟机的有:洛杉矶、安大略省、加利福尼亚州的奥克兰、凤凰城、芝加哥、亚特兰大、达拉斯、沃斯堡、圣安东尼奥、丹佛、迈阿密、檀香山、明尼阿波利斯、夏洛特、北卡罗来纳州、辛辛那提、克利夫兰、孟菲斯、田纳西州、佛罗里达州奥兰多市、华盛顿的里根国家机场、拉斯维加斯、西雅图、底特律、休斯顿和纽约。

4.教育培训内容

(1)学历教育。FAA空管人员学历教育主要针对AT - CTI项目的申请者。为扩大生源,缩短培训周期,FAA和许多大学或学院拥有合作伙伴关系,这些学校负责2年和4年的空管基础知识教育(Collegiate Training Initiative,CTI),参加 CTI 项目的学员必须通过空中交通管理基本课程的考核才能毕业,其毕业生一旦经过筛选进入美国联邦航空学院,即可免除理论培训,直接进入管制技能培训。

AT-CTI 签约学院和大学提供两年或四年教授空中交通管制基础知识,课程设置可以不一样,但必须符合 FAA 审定标准。

(2)美国联邦航空学院培训内容。民用机场、区域、进近服务单位空管人员培训方面,CTI 项目学员在合作院校毕业后到美国联邦航空学院继续完成后续培训,其它类学员或直接在美国联邦航空学院接受培训。进入联邦航空学院的管制学员每年大概 3 000 人左右,入校后根据与 FAA 签约时确定的工作方向(航路、终端、塔台)接受面向工作岗位的强化培训:①为期 37 天的终端管制初始资格训练;②为期 62 天的区域管制初始资格训练。

在结束培训并考试合格之后,约 60% 的 FAA 管制学员能进入一线管制单位成为见习空管人员,并接受岗前见习和岗前培训,其中岗前培训包括课堂理论教学和模拟机培训。见习空管人员从最简单的管制席位开始见习,逐个放单,在所有管制席位都放单之后,成为认证的职业空管人员。这一过程的淘汰率大概为 30%,一旦被淘汰,就必须到机场其他部门进行工作或离开 FAA 另谋职业。

军用机场空管人员培训方面,如 FAA 空管人员在美军基地提供管制服务,必须接受军航服务培训。FAA 空管人员到美军基地进行在职岗位培训,主要是练习、自学、模拟、见习等。基地的教官不是专职的,是挑选出来由基地任命的,职责是传授书本和专业知识,指导学员自学,记录和报告培训情况。每个学员配一名教官,随时监督学员学习。基地培训部指导培训工作,编写教材,提供培训指南,制定培训要求,进行质量控制,保证培训质量。美军基地 FAA 空管人员在美国联邦航空学院学习共 1 个月。美军基地的培训应在 22 个月内完成,空管人员转换基地后必须重新培训。

5. 教育培训特点

(1)采用大学初始训练项目(CTI)、社会考核和军人转业等多种渠道来选拔和培养空管人员,增加了可供选择的生源,提高了生源质量。

(2)培训分为航路、终端、塔台三个方向,互相不交叉,培训效率比较高。岗前培训循序渐进,由浅入深,例如机场管制学员,先到流量小的单位进行见习,合格之后再到流量大的单位进行见习,最后在签约单位进行执照考核。

(3)技能培训方面,由美国联邦航空学院统一负责全国初始空管人员技能培训,整合了培训资源,提高了培训质量,不仅可以满足民航空管需求,也同时可以满足军航空管需求,达到良好的协同培养,避免了分开培养的多种弊端。

第三节　国内外空管教育差异

我国已连续30多年保持了近10%的经济增长速度,即使面对国际金融危机的冲击,依然保持了强劲的发展势头,成为世界经济增长的重要推动力。但必须看到,作为一个有着14亿人口的发展中大国,我们遇到的困难和挑战前所未有,短期问题和长期问题交织,结构性问题和体制性问题并存,国内问题和国际问题互联。一方面,经济增长面临着外部环境不确定因素影响的新问题。国际金融危机、欧债危机对全球的影响是深远的,世界经济重新恢复平衡将是一个漫长而艰难的过程,世界经济增长放缓,对我国不利影响增大。另一方面,发展的不平衡、不协调、不可持续的老问题更加突出。传统发展方式已难以为继,只有真正走上创新驱动,内生增长的发展轨道,才能为持续繁荣开辟新的空间。实现"两个一百年"的奋斗目标,必须以高素质人才构建新的竞争优势,以创新创造寻求新的发展动力。高等教育作为科技第一生产力和人才第一资源的重要结合点,具有高端引领作用,其发展水平和质量决定着人才的创新创造能力,决定着我们站在什么样的战略位置上。高等教育战线必须自觉承担起提高教育质量、建设高等教育强国的崇高使命。

我国是世界高等教育大国,拥有2700多万高校学生、2956所高等学校,这样的教育规模在世界历史上前所未有,因此我们所面临的教育问题也需要自己不断地摸索解决。提高高等教育质量是立足我国现代化的阶段性特征和国际发展潮流提出的深刻命题,关系国家未来和民族振兴。高等教育战线要树立忧患意识、危机意识,增强责任感、使命感、紧迫感,树立科学的高等教育发展观,强化质量立校意识,推动高等教育从以规模扩张为特征的外延式发展向以质量提升为核心的内涵式发展转变,从关注硬指标的显性增长向致力于软实力的内在提升转变,走出一条既有中国特色,又具有世界先进水平的现代高等教育发展道路。

空管教育是我国高等教育的一部分。通过对照航空发达国家空管教育培训的成功做法，可以看到，我国空管教育培训在实践中发展，在发展中探索积累了一定的经验，探索出了一条具有我国特色的空管教育体系发展之路。但也应该看到，我国现行的空管教育体系有着自身特点，在空管教育培训理念、机制、保障等方面与国外存在差异。

一、教育培训理念方面的差异

从教育观念创新意识看，在专业领域窄、就业渠道定向性强的情况下，空管教育长期以来一直坚持计划办学模式，办学方向等上级指令，办学规模等上级批准，教学计划等上级确定；各空管培训机制缺乏自我调整能力和意识，专业设置、教学模式、教学内容、教学方法和培养目标都不同程度地滞后于航空事业需要和空管技术发展。忽视实际岗位工作对人才的多样化需求，忽视教育培训层次的完整性和系统性。无论是基础教育还是职业教育，都还没有完全建立起比较合理的理念，"一刀切"的教学计划和"积木式"的培训计划仍然存在，空管教育培训中存在"传统继承型""临时动意型""应急增加型"设置课程内容。

从专业定位和培养理念看，军民航5家空管院校从事空管基础教育，都不是以独立专业的形式培养，只是在"交通运输"下设某一专业方向或多个专业方向进行培养。各院校的专业方向名称不统一，定位不统一，目标不统一，特别是培养理念也不明确。

从基础教育与在职教育定位看，为提高所培养学员的受欢迎度，各空管院校一方面努力加强技术培养，提高学员的操作能力，另一方面又坚守正统普通高等学历教育阵地不放，试图在性质迥异的学历教育与职业教育中寻找结合点，期待能在一次教育中完成两种教育过程，但课程内容过于精简，对素质教育重视不够。而在空管在职培训机构，人们普遍又觉得学员的理论基础不扎实，操作技能培养缺乏基础，潜意识中又重复理论教育内容。同时，基础教育与在职教育差异不明显，教学内容和教学方式雷同。

二、培养体制机制方面的差异

从招生选拔机制看，民航空管基础教育，通过"普通高校招生考试"录取学员,主要看分数和档案,仅对视力、语言能力等有限指标作出书面要求,没有面试、心理测试及严格的体格检查。学校和用人单位与考生无法交流接触,招生质量没有保证,常常在入学之后才发现一些学员不具备空管人员的基本条件,如口吃、反应迟钝、心理障碍、缺乏学习与职业兴趣等,四年后将无法通过空管用人单位的测试和录用,只能进入其他行业,浪费空管教育资源,降低了录用率。军航空管基础教育中,空军工程大学空管领航学院没有招生选拔权,一部分由空军工程大学通过"军队高校招生考试"录取学员,没有面试和心理测试,另一部分直接从停飞学员中指令性安排,学员的文化素质、心理素质和身体素质参差不齐。因此,空管人员的招生应增加必要的面试、心理测试环节,有效保证人才培养质量。

从军民交叉培训机制看,因军民航空管教育培训机构分属不同的体制之内,无统一的教育培训领导机构、无通畅的交流渠道、无正常的交流经费等原因,军民航人才培养一体化未能得到解决。当前,军民航空管教育培训机构之间多是学术交流,教学管理人员交往多于教学人员交往,教学人员交往多于学员交往。军民航空管教育培训机构之间还未进行实质性地交叉培训,相互之间的体制机制、内容方法都不尽相同,教材不统一、标准不统一、执照不统一,这些都不利于军民航空管协调和军民航空管联合运行的推行。

从师资队伍建设机制看,在国家高校管理体制下,各院校对教师的考评强调学术能力和学术成果,教师不得不重视学术研究,"双师型"教师常年从事一线教学,学术成果少,职称晋升难,导致空管实践教学师资力量严重不足,现有空管专业教师不得不重理论研究轻操作能力培养,甚至舍弃实际操作技能的学习和操作经验的积累,导致军民航空管院校的技能性教学能力难以提高。政府(军队)、学校和企事业单位之间的联动机制缺乏,专业教师到实际一线挂职锻炼机会少,"双师型"教师培养机制难以建立;一线空管精英进入院校从教的渠道不通畅,校外教学资源得不到有效利用。师资队伍总体数量严重不足,缺乏具有较高学术水平、管理能力和精通业务的高素质院校领军人物;核心课程师资队伍梯队结构不合理,水平不高;空管专业教师队伍缺乏与相关领域符合的背景;实践教学师资匮乏。

从分类培养和淘汰机制看,现有空管教育未能按管制岗位的差异性分类培养,比如管制大区、繁忙机场终端区、中小机场塔台的管制岗位要求有着较大的差异,而基础教育采用统一的培养形式和目标,缺乏针对性,培养效率不高。军航空管院校学员分配与学习成绩、日常表现、大项活动、创新竞赛等紧密相关,学员学习积极性普遍很高,自律意识很强,参加各项活动勇跃。但另一方面,学员实习在大三暑期进行,由于刚刚开始学习专业理论仅实践课程,学员普遍对任职岗位还没有深度认知,更多的是停留在理论层面和教员的任职岗位体验,学员实习效果与预期有差距。而民航空管专业毕业生实施"双向选择",学员在学习管制专业课程时不知道未来能否在管制单位就业,因此学习的目的是为了学分而不是为了掌握管制所需知识。由于学员没有归属感,学习期间分散精力于其他领域知识的学习,专业知识学习时间得不到可靠保证,加之很难到管制单位认知实习,学员认识不到所学内容与管制工作的相关性,大多缺乏空管专业知识的学习动力。

从教育培训评估机制看,目前,基础教育阶段只有学员考评标准,没有空管专业教学评估标准。虽然民航空管在职培训评估采用了三种表格的即时记录(每次考试或考核的结束都伴随填写《培训/考核报告表》,每个空管人员有《岗位培训评估报告表》,管制资格检查后有《资格检查报告表》),但对表格信息的利用不足,评估过程只立足于空管人员个人分析,缺乏从班组、组织角度评估。

三、教育培训保障方面的差异

从经费投入看,我国空管人员人均培养经费约为 8 万元人民币,相当于欧洲的 5.3%,美国的 6.8%,加拿大的 4.6%。经费投入不足,严重影响了培养质量。

在过去,民航投资重点放在机场、航空器、设备,对空管人员和签派员的培养投入非常有限。管制和签派基础教育阶段每年每学员国家投入约为 3 000 元人民币,四年共计 1.5 万元,仅相当于英国 40 小时的模拟机训练费用。2007 年,中国民航送往英国的管制学员,仅包括专业课程(不包括专业基础课)的学费为 60 万元/人。而我国民航空管人员培养院校仅能获得的学费和国家补贴为 1 万元/人/年,远远不能平衡设备和师资的投入。设备维护、更新和师资建设投入由学校负担,设备的更新和维护不及时,模拟训练效果欠佳。作为国家普通高等教育,没有区别出与其他教育的训练经费差异性,飞行训练无法开展。出于成本考虑,管制模拟机训练时间也被严格控制,空管人员的训练时数越来越少,目前仅为 150 小时,远低于国际民航组织规定的 340 小时,难以胜任高强度的雷达管制工作。

军民航院校的空管专业实验室和模拟训练系统的扩充、更新、新建普遍比较慢,开展培养操作技能的实验条件不完善,实验项目较少,滞后于学员人数的增长,台套数及开发出的试验项目数与现实需求有差距,不利于学员实践和动手能力的培养。军航空管院校教学设备建设正在快速发展之中,但体系规模还有待进一步加强。民航在职培训模拟训练系统普遍比较老旧,精确仿真程度不高,缺乏相应机场的逼真模拟训练设备。

从师资培养看,当前空管专业教师队伍能力提升速度与学员能力素质要求不相适应。师资队伍建设体制机制还不够顺畅,教师到一线岗位的时间和到国外培训的机会不足,特别是军航空管院校受军队性质和管理制度约束大。民航空管教师可以随民航管理部门、空管部门出国访问、到实地调研,可以依托科研项目得到经费支撑,而军航空管教员却难以实现。

从基地建设看,作为应用性较强的空管专业教育培训,需要理论学习与实习、实验穿插进行。然而,当前我国空管教育,没有专门的教育训练基地,理论学习与实验、实习衔接不够紧密,只能安排学员在毕业前前往管制单位(或部门)进行短期实习。因各单位生产任务或战备训练任务紧张,工作压力和安全压力较大。实习学员与实习单位之间没有就业合同或分配定向,一般实习单位考虑到飞行安全,安排学员直接从事管制值班、管制指挥引导时间比较少,其实习的预期效果不理想。

四、组训模式方面的差异

从教材内容的针对性看,由于面向工作岗位,空管专业教材内容必须随管制岗位要求的变化而不断更新,而因为编著出版周期长等原因,现行空管教学内容较为固定,多采用正式出版的教材,教学内容较陈旧,空管新技术、新设备不能及时反映到教学中,教材建设系统性不够。另外,空管专业教材缺乏针对性,具体案例不足,典型案例少。目前的空管安全培训教材主要是民航不安全事件资料,其来源多是国外民航的实例,国内航空灾害或者重大的事故征候等案例收集困难。

　　从课程体系看,课程体系还不健全,主要表现在:一是课程设置未能形成构建群集职业能力的体系,导致毕业学员工作适应期过长和不能全面适应空管工作要求;二是专业英语课比重不够,特别是专业英语的听说能力培训不够;三是军民航空管教育都缺乏空管运行管理培训教材,培训过程没有针对性教学内容;四是专业建设水平有待进一步提高,还没有形成科研成果向教学转化的有效机制,缺乏高水平科研和教学成果的支撑。

　　从技能训练比例看,当前,教育培训偏重于知识的教授,而缺少相应的操作能力提高。这一技能训练失衡问题在军民航院校教育中普遍存在,但因条件限制和高校课程设置规定,实践学时偏少,空管人员专业技能与岗位需求有差距,有的管制岗位工作规范的能力由于缺乏必要的检测手段而无法测知,因而也难以提出相对应的培训提高方案。

第四章 空管教育基本规律

　　规律,是事物发展变化的客观反映,也是事物之间内在的必然联系,决定着事物发展的必然趋势。空管教育规律是指,空管教育内部诸因素之间、空管教育与外部事物之间的本质联系。空管教育基本规律,是适用于空管教育领域各个方面、各个阶段的规律,具有规律的普遍性。

　　教育是国之大计、党之大计,走内涵式发展道路是空管教育发展的必由之路。空管教育要牢记教育使命,重视人才培养;要回归教育本质,坚持知识创新;要尊重教育规律,坚持发展传承。空管教育要全面落实"立足基本国情,遵循教育规律,坚持改革创新,凝聚人心,完善人格,开发人力,培育人才,造福人民"的教育目标,更加注重爱国情怀、创新精神和健康人格培养,弘扬报国精神,贯彻发展理念,推动创新发展。

　　空管教育要在历史使命的约束下、时代背景的条件下和面向未来的环境中发展前行。空管教育的发展正是因为历史传承才得以厚重,也因为开拓创新才不断卓越。研究空管教育规律的目的在于揭示空管教育在高等教育框架中,各要素在教育过程中的地位和作用,以及它们之间固有的、本质的、必然的联系,从而更好地组织和实施空管教育,实现空管教育目标,提高空管教育质量。

第一节　基于历史使命的职业性规律

　　新中国成立后,我国的航空运输业由小变大,从弱到强,经历了一条不平凡的发展道路。特别是改革开放以来,航空运输业不断解放思想,砥砺奋进,保障了军事战略转型,促进了国民经济发展。我国的空管行业也经历了深刻的变革,确立了"国家统一、军民融合"的空中交通管理体制。

　　在不同历史阶段,空管行业要始终服务于国家航空运输的发展战略,空管教育也要满足我国空管行业的现实需求。空管教育要服务空管行业,空管教育的发展也不能离开空管行业。空管行业需要什么样的人才,空管教育就要立足行业,培养什么样的人才。研究空管教育规律首先要深刻领会空管行业对人才培养的需求,以空管行业的职业特征为切入点,分析空管教育的职业性规律。

一、空管教育的历史起源

一个行业的产生与发展有历史必然性,空管发展历史的每一个阶段不仅体现基本规律的客观性,而且体现规律的主体性。从历史唯物主义的角度来看,空管行业的从无到有是航空业繁荣的必然结果,空管行业的发展壮大是航空运输业兴盛的必然趋势。空管行业的发展是空管教育诞生的基础,空管教育的发展是对空管行业的促进。空管教育是伴随着空管行业而生的,有着特殊的历史担当与内在的时代使命。

(一)空管教育的起源

在 1979 年之前,我国的空管教育处于发轫萌芽阶段。空管教育工作是以职业培训方式开展的。培训工作虽然已由初级、短期的培训逐步发展为高级、长期的培训,但是依旧不能满足日后国民经济发展和社会主义现代化建设需求。

从 1979—1993 年,空管教育处于多元探索阶段。党的十一届三中全会后,我国步入改革开放新时期,空管教育也进入了新阶段。军民航的空管教育处于学历教育与职业培训并举的阶段。在高等教育体系下,空管教育遵从高等教育中的职业性规律,在为行业培养应用型人才的同时,也在积极推动人才培养国际化的准备工作。

从 1993 年至今,空管教育处于蓬勃发展阶段。1992 年,我国确立了建设社会主义市场经济体制的改革目标,航空运输业由此迎来了跨越式发展,军民航空管部门进行了体制改革。空管教育在此时也继续深化改革,将大学本科教育和研究生教育作为主要的人才培养方式,遵循学科发展规律,为行业培养创新型和国际化人才。

服务空管行业是空管教育的历史使命,空管教育在不同时期为我国培养了不同层次的空管人才,反映空管行业不同历史阶段的特征。在新时代中国特色社会主义背景下,空管教育要继续扛起肩头重任,担负起高等教育改革和空管行业发展的双重使命。

(二)空管教育的使命

党的十八大以来,在以习近平同志为核心的党中央坚强领导下,我国的国防建设和航空运输取得了历史性成就,发生了历史性变革。习近平总书记强调:"要建设更多更先进的航空枢纽、更完善的综合交通运输系统,加快建设交通强国。"

随着航空运输业战略地位日益凸显,以及军事斗争战略谋划日渐明朗,空管教育要适应经济发展、国土防空和应急救援的需要,要坚持优先服务和紧密联系空管行业。空管教育的发展要坚持从行业中来到行业中去,做到"不忘初心、牢记使命"。空管教育在发展的过程中,要做到以下三点。

1.坚持育人为本

空管教育始终将培养空管人作为核心任务。航空运输业要提升持续安全保障能力,实现提质增效、转型升级,必须重视人才培养工作。空管教育工作要继续优化专业教育的结构,提升人才培养质量,在专业理论学习和岗位技能实践环节,需要不断创新育人模式,将学生培养成为德智体美劳全面发展的高素质复合型人才。空管教育者要引导学习者树立正确价值观、人生观,有效推进课程思政教育融合,推动思政教学活动有效开展。新时代背景下的空管行业需要从业者具备正确分辨社会现象、掌握社会发展规律的能力,具备"忠诚担当的政治品格、严谨科学的专业精神、团结协作的工作作风、敬业奉献的职业操守"。

2.追求守正创新

空管教育从始至终将创新作为根本目标。大学作为空管教育的主体,肩负着高等教育多样化、普及化,为国家现代化建设培养高素质应用型、创新型人才的重任。大学不能只注重知识的传授,还要结合空管行业的职业特色,创新人才培养模式,形成自身的专业特色、区域特色、行业特色,实现高等教育内涵式发展;通过提高教学质量,改革教学方法和手段,满足空管行业岗位技能型人才新标准;通过创新创业教育、产学研合作办学满足空管行业战略创新型人才的新需求。空管教育者要努力将新理论、新知识、新方法、新技能传授给学习者,在提升教学质量的同时,引导学习者具备自主学习、合作学习、探究学习的能力。

3.肩负时代责任

空管教育肩负着教育强国和航空运输强国双重时代责任。实现"两个一百年"奋斗目标、实现中华民族伟大复兴的中国梦,对空管行业发展提出了更高目标要求。教育强国是国家教育综合实力、培养能力、国际竞争力和影响力的综合体现,是中华民族伟大复兴的基础工程。航空运输强国是国家综合实力和现代化水平的真实反映,是我国经济稳定增长的战略支撑。空管教育的职责要从以往的以人才培养为主,拓展为新时期的空管人才培养、空管科学研究和服务空管事业。

在社会主义建设新发展阶段,我国空管教育工作发展机遇与挑战并存,我们必须迎难而上,继续弘扬科教兴国精神,担负起中华民族伟大复兴的使命,努力开创空管教育工作发展新局面,将对党、对国家、对人民的无限忠诚镌刻在祖国历史上,为全面建设社会主义现代化国家做出更大贡献。

二、职业性规律的内涵和特征

空管教育的历史起源和历史使命决定了空管教育的职业性规律。空管职业是一个具备特别属性的职业,要求空管人员具备优良的思想意识,掌握扎实的基础理论、专业知识和岗位技能,熟悉国内外专业发展动态,满足空管国际化、规范化要求,并具有较强的实践能力。空管任务决定了空管教育目标要满足人才培养规律,也决定了空管教育目标要符合职业发展规律。从历史使命来看,新时代的空管教育在遵循高等教育规律的同时,还要服从空管教育的职业性规律。

(一)职业性规律的内涵

空管教育的职业性以就业为导向,更多关注空管行业的发展需求。空管教育的职业属性更多是为了使学习者掌握不断变化的技术,适应职业的持续发展,具备面向未来终身学习的职业变迁能力。

1.职业性的内涵

教育的职业性,是指增进学习者的知识和技能,培养学习者的职业态度,使学习者能够从事某种职业。每个职业都会有它不同的特质,所以也相应地适合不同特质的学习者。职业的属性在空管教育中主要体现在三个方面:

第一,职业的规范性,是指职业内部的规范操作要求性,和职业道德的规范性。不同的职业在其劳动过程中都有一定的操作规范性,这是保证职业活动的专业要求。当不同职业在对外展现其服务时,还存在一个伦理范畴的规范性,即职业道德。这两种规范性构成了职业规范的内涵与外延。

第二,职业的技术性,是指不同的职业具有不同的技术要求,每一种职业往往都表现出相应的技术要求。

第三,职业的时代性,是指职业由于科学技术的变化,工作方式、工作习惯等因素的变化导致职业具备特定历史环境下的特点。

2. 职业性规律的内涵

高等教育思想和职业教育理念始终贯穿于空管教育工作,具备对立统一规律。高等教育是基于学术体系的教育类型,以培养知识性人才(学术型和工程型人才)为目标。学者是高等教育的主体,学位制度是衡量学者们学术水平的评价制度。高等教育的课程体系是以知识的内在逻辑为基础形成的学科知识体系,其课程内容以学科知识为主,注重知识的科学性。而职业教育是基于行业的教育类型,以培养职业性人才(技术型和技能型人才)为目标,工匠是职业教育的主体,职业资格证书制度是衡量工匠们技术水平的评价制度,其课程内容以工作过程知识为主,注重知识的实践性,课程体系则是以工作过程为基础形成的职业行动体系。

高等教育和高等院校的类型、层次、形式之分都是基于职业所确定的。它的学科专业设置、教育教学方法设定、人才培养规格设计都是按照社会不同职业应用所确定的;它的科研方向与项目、服务社会内容与形式也都是根据职业需求确定的。空管教育工作在遵从高等教育职业性的基础上,通过专业建设和课程设置,同时将非专门性职业知识、技能和态度融合到教学中,使学习者现在或将来能够从事空管工作。

(二)职业性规律的特征

空管教育要探索推行创新型教育方式方法和改革职业教育模式的要求,破除高等教育和职业教育的局限认识,找准通过教育为空管行业培养各类人才的定位;树立大教育、大职业的观念,找准社会各行业人才培养与职业教育的连接配合;紧紧扣住职业特点、行业方向、社会需要实施教育教学和人才培养,找准空管教育事业创新发展和科学发展的定位。

1.职业导向性

空管教育以空管任务为导向。空管任务不仅影响空管教育的内容,而且影响着空管教育的方向。空管教育教什么、怎么教、教到什么程度,都不能凭人的主观意志来决定,而只能根据空管任务和所处时代的特点来确定。任何违背实际任务的空管教育,都会因不适应实际需要而失败。可见,空管教育的职业特征可以总结为"教为用"。空管教育按照空管行业的类型、层次和形式,根据空管行业需求立足空管职业,设置专业,研究教育方法,制定人才培养方案。

2.行业引领性

空管行业引领空管教育的方向,空管行业的发展与空管教育密切相关。空管教育虽然服务空管行业,受其制约和影响,但同时空管教育又引领空管行业的发展。一方面,空管教育不断优化空管工作的方法和手段,对传统方式进行创新性研究,推动空管行业与时俱进,更加科学合理;另一方面,空管教育质量的好坏直接影响着未来空管行业的水平。一个行业的良性发展,离不开行业教育的贡献。

3.社会服务性

空管教育与社会发展息息相关。空管教育者希望通过人才培养、科学研究实现科教兴国的宏伟战略目标。科学技术是第一生产力,空管行业的跨越式发展离不开新技术。空管教育要坚持教育为本,提高空管行业教育者、学习者的科学文化素质,为我国经济建设和社会发展服务。

空管教育要遵循空管行业任务牵引的规律,就必须以未来空管任务的需要为出发点和归宿,依据空管任务的时代特征确定空管教育内容,并结合教育目的选择最能适应学习者接受知识、技能的方式和方法,最大限度提高空管教育的效率,探索出具有中国特色的空管教育规律。

三、空管教育与空管行业的规律关系

目前,我国进入新的发展阶段,产业升级和经济结构调整不断加快,各行各业对技能型、应用型和创新型人才的需求越来越紧迫,教育的重要地位和作用越来越凸显。空管教育培养人才必须在兼顾基础知识与专业技能的同时,紧紧围绕空管行业需求,明晰空管教育工作的教育目标和教育内容。

(一)教育目标与行业需求的一致性

空管教育培养目标定位于空管应用型人才,是根据空管职业要求确定的。空管教育培养目标本质上是培养空管高级应用型人才和指技复合型管制指挥人才。为此,空管教育需要囊括三类教育:学历教育、工程教育和英语教育。

首先,学历教育旨在实现空管学习者掌握理论知识的培养目标。通过安排学校课程,帮助空管学习者获得社会人文知识、基础科学知识、专业基础知识、学科基础理论、专业理论等,通过现代学分制度确保空管学习者的理论知识水平能够达标,既要达到各门类知识的专业要求,还要达到总的理论知识积累程度要求;通过课程设计以及毕业设计等形式,促进空管学习者发挥主观能动性,积极思考并独立解决相应的问题,以此锻炼空管学习者的思维能力和关键能力(沟通合作能力、分析问题能力、学习能力等)。

其次,工程教育旨在实现空管学习者的专业实践能力。工程实践教学面对的是实际现象和问题,除了对理论进行验证外,实践教学内容是理论课的延伸和扩展,为学员提供了学以致用和开拓创新的智力空间。实践教学需要教师和学员共同参与,学员在教师的指导和参与下,能够在有限的时间内,更好地将课堂讲授与实际应用相结合。通过实验课程加强空管学习者对理论知识的理解,并提高其实践能力,而且部分实践项目是设计性的实验,有力地培养了学习者的设计创新能力;通过设计性实验可以培养空管学习者综合运用所学知识解决空管运行中实际问题的能力;通过岗位生产实习增加学员对空管工作的认识和体验。实习是工程教育的重要组成部分,是学员理论联系实际,了解生产实践过程,掌握生产实践知识、技能,拓宽知识视野,接受职业道德教育,增强劳动观念的重要途径。

最后,英语教育旨在培养空管学习者的国际交流合作能力,以适应空管行业国际化的需要。通过英语基础语言的学习,提高空管学习者的英语基础沟通能力;通过专业英语的学习,提高空管学习者的国际学习能力,以便更好地提升专业能力;通过接触国际文化,拓宽空管学习者的国际视野。

总之,空管教育培养目标始终围绕空管行业的基本要求,这是必须遵循的基本规律。

(二)教育内容与空管任务的统一性

空管教育要紧贴空管行业需求,教育内容要紧贴空管职业任务。首先,空管教育内容紧贴空管职业现实需要。空管职业岗位职责决定了空管教育的专业内容,空管教育要开设哪些课程必须和空管岗位的现实需要相对应起来。空管行业要求空管人员具备深厚的人文素养和高尚的职业精神(包括思想道德素质、法制意识、良好的职业道德和心理素质等),空管教育则相应地开设了人文社会科学课程;空管行业要求空管人员具备扎实的专业理论,空管教育内容则必须设置专业理论课程;空管行业要求空管人员掌握娴熟的专业技能,相应地空管教育内容就必须开设专业实践课程,包括模拟实验和实习等。同时空管职业岗位规范决定了空管教育的课程标准。空管教育内容要满足空管职业现实需要,就要保证空管教育课程标准基本符合空管职业资格水平。例如空管职业要求空管人员的英语必须达到 ICAO 英语四级(工作级别)要求,使学习者具备相应英语能力,大学的空管英语教育内容就必须按照大学英语六级水平组织和评价。因此,空管教育内容紧贴空管职业现实需求,至少要做到空管教育课程及其标准符合空管行业特点和要求。

其次,空管教育内容要紧贴空管职业未来发展趋势。空管教育是接受新思想、接纳新事物最活跃的领域之一,空管教育的改革创新以理论创新为先导,高新技术为支撑,实际任务需要为动力,不断完善空管教育内容和方法。空管教育改革创新离不开科技力量的推动。科学技术的发展并在空管领域的应用,为空管教育改革提供了坚实的物质基础和技术支持。空管教育改革创新,立足于解决现行教育内容、方法与实际工作需求之间不相适应的矛盾。当迅猛发展的科学技术在空管领域广泛运用,尤其是现代条件下信息技术为核心的高新技术群给空管行业带来了新的运作理念和方法。空管任务的变化,要求与之相适应的空管教育必须不断地改革创新。作为空管教育的教学主导者,空管教育者必须具备很强的敏锐性和洞察力,时刻关注科学技术的最新发展和时代变化,促使空管教育与时俱进。空管教育随着空管任务的发展变化不断改革创新是不以人的意志为转移的,人们只能正确地认识它,适应它,运用它,但不能改变它。正确地认识这一规律,有利于指导空管教育实践活动科学地开展。

总之,空管教育不是静态不变的,要在"实践-认识-再实践-再认识"的过程中不断总结、探索和创新,推动空管教育逐步深化和提高。空管教育理论、内容、方法和技术的不断丰富和发展都是由量变到质变的跃升,也是一个不断创新和发展的过程,并由此促进空管教育走向科学的、可持续的发展道路。

(三)教育方式与职业实践的契合性

空管职业实践要求空管人员既要具备一定的理论水平,也要掌握娴熟的技术与技能。因而空管教育方式要适应空管职业实践必须做到理论与实践相结合。

首先,空管职业实践需要空管人员掌握空中交通系统优化与管理、空中交通安全分析与管理、空气动力学、系统分析与智能算法等学科理论,因而空管教育要按照学科教学的组织方式和实施方法,进行基础文化、专业基础、专业理论"三段论"式教学,确保空管学习者能够掌握扎实的理论基础。同时空管职业对空管人员的职业精神要求较高,因而空管教育需要通过空管文化熏陶,促使空管学习者增强空管职业认同感,帮助空管学习者树立职业理想,形成良好的空管职业规范和职业道德。空管职业实践对空管人员的心理素质有很高的要求,因而空管教育要组织学习者进行自我心理分析和辅导,帮助他们获得心理压力自我调节的能力。

其次,空管教育还要通过理论与实践相结合的方式来适应空管职业的综合性特点。空管职业对空管人员的综合素质要求很高,既要求空管人员具备较高水平的理论知识,也要求空管人员掌握非常娴熟的操作技术。因而空管教育方式必须适应空管职业特点,将理论教学和模拟训练结合起来,让学习者在学习理论知识后及时进行模拟训练,既能帮助他们巩固和深入理解所学知识,又能运用理论知识去分析训练过程中出现的问题并解决问题。

最后,空管教育方式必须突出实践性特点。空管职业最突出的特点在于实践性,为培养空管学习者的专业能力,空管教育必须通过学校模拟训练和岗位实习来提高他们的管制技能水平。

在过去一定的历史时期,空管教育的职业性满足了当时的历史需求,培养了一大批岗位急需的技术技能型人才,促进了我国空管事业的发展。当时的空管教育工作过分强调职业性规律,造成了空管教育职业色彩非常浓厚,很多课程内容来自法律法规和规章制度。这些行业规章制度的产生没有内在逻辑,通过既往的事故和事件堆砌而成,空管课程体系性不强,内容逻辑关系不明。空管教育者未能领悟空管行业发展的内在要领,只停留在对空管表层知识的简单应用,只知其然,不知其所以然。空管教育工作在当时尚未认识到空管教育的学科性规律和发展性规律,过分强调职业性规律,忽视了高等教育内在的、本质性的规律。

第二节 基于时代背景的学科性规律

今天,空管教育经过特定历史阶段,步入了一个全新的时代。社会环境、技术条件已经发生根本性改变,空管教育从以往侧重职业性教育向立足科学研究,结合学科发展规律进行深层次变革。当前我国的空管教育主要采用学历教育方式进行人才培养,人才培养的主体是军民航高校,高校的空管教育水平决定了今后空管行业发展质量。

在我国,空管教育的萌芽起源是在空管行业,空管教育的壮大发展是在高等院校。空管教育离不开高等教育,离不开高等教育内在的专业建设和学科建设。我国的空管教育主要是由高校空管专业通过系列课程进行组织和实施的,空管教育的进步是专业建设成果的展现,空管专业的发展又是学科建设积淀的反馈。空管教育想要长期良好发展,教育者要依靠专业建设培养行业人才,依赖学科建设更新知识体系,要深刻理解专业建设和学科建设的互促共生关系。

一、空管教育的发展变革

空管教育在过往的发展道路上,兼顾职业性规律和学科性规律,但二者之间的平衡性关系尚未处理好。空管教育者经过多年的实践探索,认知虽有提升,但在具体执行时患得患失,还是未能完全遵从高等教育的客观规律,也没有彻底领会空管教育的内涵。空管教育面临的主要问题是,在能力塑造层面上,培养的人才上手工作快,但个体发展后劲不足,与空管行业要求相比较,培养的人才形似神不似;在教学认知层面上,只教给了学习者"是什么",未教给"为什么",与专业培养方案相对照,学习者只知其然不知其所以然;在精神培养层面上,学习者缺乏实践自觉,创新能力不足,与国家战略发展相参照,当前的学习者无法主动适应空管的发展变革。空管教育者需要设身处地思考以上问题,理清空管专业和空管学科在空管教育中的地位和作用。

(一)空管教育的专业依托

专业是高等院校根据社会分工需要而划分的学业门类,是由培养目标和课程体系构成,是高校人才培养的基础平台和基本单元。高等教育长期向好发展才能成为空管行业的人才供应源泉,为空管教育提供鞭策动力。

1. **空管专业的内涵**

空管专业就是空中交通管理专业,传授民航空中交通管制技术的专业基础知识和技能,培养能从事民航空中交通管制领域工作的高级技术应用性专门人才的专业。空管专业属于交通运输类专业的运输专业,交通运输类专业还包括交通工程,飞行技术等专业。高校的教育工作高度依赖专业建设,空管专业具备明确的培养目标、专业培养要求、主干课程、就业及研究领域。

2. **空管专业的特征**

根据格林伍德在其《专业的属性》一书,高校的空管专业具有以下特征:第一,空管专业的主干学科是交通运输工程一级学科,有一套系统的、支持其活动的理论体系。第二,空管专业得到社会认可,每年招收大量的本科生和研究生,为国家输送大量的航空领域应用和研究人才。招生标准逐年提高和就业率保持高位,能够反映出社会对高校的空管专业前景和人才培养质量的良好反馈。第三,空管专业具有专业权威性,具备科学的课程体系设置和完备的课程质量评价,如中国民航大学率先完成工程教育专业认证,是高校空管专业的重要评价标准。第四,空管专业内部具有伦理守则,主要是指空管专业在办学过程中要遵守《交通运输类教学质量国家标准》等。第五,空管职业形成了专业的、特色的空管文化体系。空管专业在人才培养时,要根据空管文化体系,将行业任务、目标愿景、核心价值观、空管精神、职业操守和岗位规范等内容融入课程体系。

3. **空管专业的未来**

根据《普通高等学校本科专业设置管理规定》,高校设置和调整专业,应主动适应国家和区域经济社会发展需要,适应知识创新、科技进步以及学科发展需要,更好地满足人民群众接受高质量高等教育需求;应遵循高等教育规律和人才成长规律,符合学校办学定位和办学条件,优化学科专业结构,促进学校办出特色,提高人才培养质量。高校的空管专业建设是为了满足社会发展和国民经济建设对人才培养的需要,"以育人为目标,以学科为依托,以社会需求为导向"。高校需要按照自身的专业条件与社会需要,以现有的交通运输工程学科为基础,结合其他学科门类,开展相应的专业建设与课程体系建设,包括制定培养方案、改进教学计划、编制学习教材和创建实训环境等。

究其根本,一个专业的繁荣要依托新知识,要依托知识体系构成的学科,要依托学科的成长。空管专业的良性发展必定依靠空管学科建设,依靠学科建设进一步推动专业建设与课程体系建设。

(二)空管教育的学科指引

不同于专业的是,学科是知识体系。学科有特定的研究对象和领域,也有自身的理论体系,还有其独特的研究方法。高校由学科组成,学科是高校的核心。在教育实践和人才培养过程中,学科可具体细化为不同的专业,而专业的发展则需要根据学科积淀进行强化。当前,空管教育面临的现实是空管学科发展滞后于空管专业发展,对空管专业深层次、本质性的认知缺少学科指引。

1.空管学科的内涵

空管专业属于交通运输类专业,依托的主干学科是交通运输工程一级学科下的"交通运输规划与管理"和"交通信息工程及控制"二级学科。交通运输规划与管理是空管学科的一个载体,主要研究交通运输系统规划决策与管理的理论和方法,通过对交通运输系统的综合规划与评价、对交通运输系统运营过程的科学管理,优化交通运输系统资源配置,协调交通供需关系,保持交通可持续发展。交通信息工程及控制是空管学科的另一个载体,主要研究交通控制理论与应用,运输自动化与控制,以交通工程理论及自动化控制理论为基础,融合安全、电子信息技术、计算机技术等研究,应用于交通运输系统,保证安全,提高运输效益和效率。

空管教育的学科基础长期依赖上述两个二级学科,如何凝练空管学科方向,立足空管自身发展,创建空管自己的二级学科,一直是空管教育者亟待解决的问题,也是空管行业迫切需要的支撑。创建一个服务空管行业依靠知识体系的"空中交通工程学科"是空管学科发展的必由之路。

2.空管学科的特征

空管学科是一门交叉型学科,融合了多个学科门类的研究方法。学科的发展有一定的规律性,不以人的意志为转移,科学的新理论、新发明,新的工程技术,经常是在学科的边缘或交叉点上产生的。空管学科在研究探索新知识的过程中,除了依托交通运输工程一级学科外,还交叉融合的其他学科有:信息科学与系统科学、地球科学(大气科学二级学科)、工程与技术科学基础学科、测绘科学技术、电子、通信与自动控制技术、计算机科学技术、航空、航天科学技术、环境科学技术、安全科学技术和管理学等学科。

空管学科的研究方向分散,研究水平不高,尚未构建完整的科学知识体系。空管教育者和研究者对"空中交通工程学科"问题的认识还不够清晰,一定程度上制约了空管学科发展。

3.空管学科的未来

学科是专业建设和科学研究的基础与依托,没有高水平的学科,很难培养出高素质的人才和产生高水平的科研成果。学科建设未来发展依靠知识的保护、传承和创造,创造新知识的能力是衡量学科发展水平的重要标准,创造能力越高,学科水平越高。

空管学科建设要创造丰富的知识体系。空管学科需要强化交通运输工程学科作为领头学科的地位,联合其他相关学科,将最新的理论研究成果应用到空管学科,将系统的科学研究方法推广到空管学科。围绕空管行业,继续打造空管学科知识体系,形成真正意义上的"空管学科",为我国空管发展,打造支撑有力、前沿领先、根基深厚的国家战略科技力量。

空管学科建设要培养实干的人才队伍。空管学科需要牢固确立人才培养在学科建设中的中心地位,着力培养信念坚定、品德优良、知识丰富、本领过硬的高素质专门人才和拔尖创新人才。结合空管行业发展,遵循人才成长规律和科研活动规律,培养造就更多国际一流的空管战略人才、空管科技领军人才和空管创新团队,培养具有国际竞争力的青年空管科技人才后备军。

空管学科建设要实现国际间的交流合作。空管学科需要秉承更加开放包容、互惠共享的国际科技合作战略,更加主动融入全球创新网络。学科建设要充分利用国际组织,国际间高校、科研机构合作,主动设计和牵头发起国际间的空管科学计划,加大对外开放力度,实施学科领域科学家交流计划。

专业更侧重于人才培养,学科更侧重于科学研究,空管教育的未来离不开专业建设和学科建设。空管教育要以学科建设水平、人才培养质量和国际交流合作为引领,尊重高等教育的基本规律,全面认识学科建设的核心地位。学科建设要挖掘空中交通蕴含的科学问题,梳理关键技术,构建空管学科知识体系,创建交通运输工程一级学科下的"空中交通工程学科"。

二、学科性规律的内涵及特征

规律是事物相互联系相互作用中固有的本性。事物的规律是客观的,不以人们意志为转移的。空管教育的发展依据空管任务的变化,符合历史唯物主义的基本规律,因此空管教育者要顺应空管教育发展的客观规律。现阶段的空管任务要符合国家发展战略和规划总体目标,"科教兴国战略、人才强国战略、创新驱动发展战略"促使空管教育摆脱单纯的职业性质,推动空管教育向前发展,积极落实专业建设和学科建设。

(一)学科性规律的内涵

学科有其诞生和发展的规律。学科是一种范式,随着科学理论与技术的发展,范式是会改变的。社会的重大需求致使知识被不断重新条理化,产生一些新的学科。学科的发展依赖知识更新和知识体系构建,学科的产生发展或衰败消亡也遵照客观规律。

1.学科的内涵

从创造知识和科学研究的维度,学科是一种学术的分类,指一定科学领域或一门科学的分支,是相对独立的知识体系。从传递知识和专业教育的维度,学科就是教学的科目。从教育者和研究者的维度,学科就是学术的组织,即从事科学与研究的机构。学科的成长是学科从知识演化和制度变迁两种路径成长到更高层次和水平的动态过程,是一项长期任务和系统工程。

人类的活动产生经验,经验的积累和消化形成认识,认识通过思考、归纳、理解、抽象而上升为知识,知识在经过运用并得到验证后进一步发展到科学层面上形成知识体系,处于不断发展和演进的知识体系根据某些共性特征进行划分而成学科。探索新知识的主体是教育者,是从属于特定知识领域的专业人士或科学家,而学习者则在不同领域的教育者教导下进行学习与研究,从而不仅得到理性精神的训练与独立人格养成,而且可以获得为未来职业奠定基础的专门素养与技能。空管教育需要进行学科建设,教育者对知识进行积累与创新;需要开展专业建设,教育者对课程进行优化与改革,指导学习者获得知识、能力和技术。

2.学科性规律的内涵

学科性质是对学科本质属性及功能分类的界定,它通过深刻影响学科的研究对象来决定学科体系的结构、层次和构建学科体系的方法。近现代知识增长与高度分化呈现一种几近失控的状态，新的学科不断被创造出来。19世纪初普鲁士启动"科学的专业化"与"职业的科学化"，是大学学科活动的开端。教育的发展要遵循规律，空管教育的发展也要服从规律。从高等教育长远发展的视角来看，空管教育必须要重视空管学科发展，同时不断地将相关学科最新研究成果应用到空管学科建设和专业建设中，应用到课程体系建设和人才培养过程中。

（二）空管教育学科性规律

学科发展有本质的特征，空管教育者和研究者需要掌握好学科发展规律开展正确的学科建设。如何确定研究对象、选取研究内容和归纳研究方法，是空管教育者和研究者需要认真思考的学科性问题，只有把握住空管学科发展的特征，才能创建"空中交通工程学科"的知识体系和研究范式。

1.学科发展的方向性

学科发展要遵循两个原则：一是要考虑学科未来发展方向是否可行，没有可行性，学科发展方向也没有实际意义；二是要深入到学科的前沿，确保学科建设的前瞻性，从战略的视角引导学科发展。空管教育要根据我国科技发展中长期战略、交通运输工程学科的研究规划，结合空管行业发展目标，确立具体的"空中交通工程"二级学科方向。通过争取重大的空管战略性、基础性的科研项目，不仅可以获得有重大影响的科研成果，丰富空管学科知识体系，还能较好地促进相关学科的师资队伍建设、高水平的研究生培养和研究基地的建设。

2.学科发展的制度性

学科制度是学科建设的主体为保障学科建设的顺利进行，通过一定的程序制定的一系列规则、规定。学科制度是现代大学制度的核心，它包括组织制度、计划制度、资源分配制度、执行制度、检查评估制度、奖惩制度等。当前我国在学科制度建设上存在的突出问题是，制度不健全、不完善。因此，完备的学科制度能够促进空管学科和空管教育的发展。学科建设必须重视建立学科制度，要坚持先进、全面、具有可操作性的原则。学科建设要坚持推崇科学发展，坚守学术自由。

3. 学科发展的创新性

学科发展的本质就是不断将新知识进行总结和归纳,形成系统的知识体系。创新不仅是人类社会发展的动力源泉,也是学科发展的关键要素。学科的发展不要局限于自身的学科领域,需要扩展到其他学科领域相关联的研究话题,突破既有的学科局限,探索出新学科发展方向。空管学科发展需要善于创新,要善于寻找创新点,重视知识的积累与创新,探索空管学科知识体系构建的新路径。

4. 学科发展的开放性

开放性是指教育者同任何客观事物一样,都是在实践中不断调整、变化、完善而实现学科发展的。只有这样,教育者才能够通过不断提升学科水平,进而提高人才培养的质量,产生更多的科研成果,为社会提供更优质的服务。一流学科的成长是学科从知识演化和制度变迁两种路径成长到更高层次和水平的动态过程。空管学科的发展要遵循自然界发展的规律,采取积极的开放态度,实现开放的学科发展。

三、空管教育与空管学科的关系

空管教育要面向社会主义现代化强国建设需求,特别是国防安全、产业布局和区域经济发展的战略需要,优化教育体系结构,努力提升航空运输领域优势,为增强国家创新发展能力和核心竞争力做出贡献。空管教育发展至今,已不再是单纯的培养技能型人才,而是通过大学本科和研究生教育培养应用型和技能型人才,这就要求空管专业建设和学科建设被提升到新的高度。空管学科需要继续挖掘内涵,把握学科发展规律,服务科教兴国战略,助力空管人才培养,提升空管教育水平。

(一)高等教育专业与学科的关系

高等教育要始终围绕培养人才、创新知识和服务社会的使命。近代意义上的高等教育,是从探索新知与传统教育缠绕发展开始的。探索新知的主体是教育者,是从属于特定知识领域的专业人士或科学家,而学习者在不同领域的专家教导下进行学习与研究,从而不仅得到理性精神训练与独立人格养成,而且可以获得为未来职业奠定基础的专门素养和技能。需要强调的是,学习者要学习不同学科领域的知识,为今后的职业生涯储备知识和技能。不同领域知识参与的教学活动构成了高等教育的课程体系,奠定了高等教育的专业。

学科是现代高等教育的重要基础,是现代大学存在的逻辑起点,大学是围绕学科构建起来的。人们普遍认同的学科、专业和人才培养三者之间的逻辑关系是:先有学科,再有专业,最后培养人才。高校教育普遍遵循"设置院系—开设专业—培养人才"发展路径,专业建设和人才培养是以学科建设为基础的。

专业的质量和结构,直接关系高等教育支撑和服务经济社会发展的能力,直接影响高校立德树人的成效。高校建设适应时代发展需要的专业,需要一流的学科进行支撑。以我国为例,空管专业是交通运输类专业中的一员,依托交通运输工程一级学科,融合众多其他学科。高水平的专业建设很大程度上依靠高水平的课程体系,高水平的课程体系需要高水平的学科建设支撑。但高水平的学科不会自动转化为高水平的课程,需要我们有意识、自觉地把学科建设的成果转化为课程。

如何办好高等教育,需要教育者认真学习高等教育规律,深刻理解专业建设、学科建设与高等教育之间的关系。学科建设和专业建设关系到大学发展根基,在高水平人才培养中发挥着重要作用。开设空管专业的高等院校,要根据空管任务的变化推动空管专业转型升级,加快空管学科的长足发展,办好行业满意的空管教育。

(二)空管学科与空管专业的共生关系

学科指向科学研究,而专业指向传授知识,学科与专业是互促共生的关系。学科和专业之间存在相互依附、相互影响和协同发展的关系:学科建设为专业建设提供知识体系支撑,是专业发展的重要基础;专业建设是学科建设的重要方面,专业是学科建设承载的实现人才培养功能的平台,人才培养质量的高低取决于学科发展的水平,高质量的人才培养又促进了学科发展水平的提升。

学科体系是近年来高等院校建设突破口,具有特色学科和专业的大学也具备建设一流大学的实力。优势学科发展衍生的线性学科群,彼此支持的相邻学科组成的相关学科群,不同学科交叉地带产生的交叉学科群,产业相关联的应用学科群等概念层出不穷,这折射出学科建设在高等教育发展过程中占据了核心地位。学科水平决定了高校在培养优秀人才、产生丰硕的科研成果和提供优质的社会服务等方面的能力高低。学科建设要强化服务国家需求,研究国家战略性新兴产业的发展、传统产业的改造升级以及社会建设和公共服务领域到底需要什么样的人才。

专业与学科属于不同的范畴,但密切相关。大学的专业要依据社会分工和社会职业进行设置,社会分工和社会职业需要不同的知识结构、能力和素质要求,这是专业设置的基本依据。高校中的一个专业通常要依托一两个主干学科。由于课程的性质、类型不同,如有基础课、专业基础课、专业课、选修课等,专业的课程体系通常要依托若干学科。作为交通运输类专业,空管专业具备系统理论与实践并重且多学科交叉的专业特点。空管专业人才培养所需的知识来自于不同学科,构成空管专业要素的课程要依托各个学科。

学科是专业建设和科学研究的基础与依托,没有高水平的学科,很难培养高素质的人才和产生高水平的科研成果。专业是学科建设和教育方法的外在与表象,没有满足社会需求的专业,也很难建设优质的课程体系和推动深层次的科学研究。

(三)空管学科对空管教育的促进关系

学科建设是知识的保护、传承和创造,创造新知识的能力是衡量学科发展水平的重要标准,创造能力越高,学科水平越高。一门学科的建设要固本强基,交叉融合,择优培育,以优势学科为引领,带动、辐射和影响其他学科建设。研究者应该随时注意分析学科发展中的内在矛盾,并积极在边缘相关学科发展中找寻突破。突破原有学科间的界限束缚,促进多学科的交叉协同,构建适应时代发展的知识创新体系,既是社会发展到现阶段的外源性驱动,也是一流学科发展规律的内源性结果。

空管学科建设也离不开新知识的创造。当下,学科交叉融合已成为高等教育发展的主流趋势,顺应了社会对培养未来复合型创新人才范式创新的要求。空管学科建设需要强化交通运输工程学科作为空管学科建设的领头学科地位,联络其他相关学科,为我国空管发展,打造支撑有力、前沿领先、根基深厚的国家战略科技力量。

学科建设必须适应技术革命带来的挑战和新要求,满足社会和大学自身发展的需要。空管学科的发展还在雏形阶段,需要学科开拓者认准学科方向,完善学科制度,继续知识创新,坚持研究开放,建设学科特色鲜明、体系布局合理的"空中交通工程"学科。

(四)空管教育对大学的依托关系

"惟改革者进,惟创新者强,惟改革创新者胜",推动高等教育科学发展、建设中国特色,必须改革创新。只有改革创新,大学的学科体系才能与科技创新的客观规律相契合,与传承人类文明的需求相呼应;只有改革创新,大学才能与更多合作伙伴建立起互信互利的全球合作网络,实现优势互补,文明互鉴,共同发挥大学对于文明传承、社会发展、人类进步的作用。

1.提升科学研究水平

空管教育要求充分发挥大学在国家创新体系中的重要作用,鼓励高校在知识创新、技术创新、国防科技创新和区域创新中作出贡献。高校要大力开展交通运输学科和空管专业的研究工作:坚持服务国家目标与鼓励自由探索相结合,加强空管领域的基础性研究;以未来空管技术发展的重大现实问题为主攻方向,加强应用研究。空管教育需要促进高校、科研院所、企业科技教育资源共享,推动高校创新组织模式,培育跨学科、跨领域的科研与教学相结合的团队;促进科研与教学互动、与创新人才培养相结合;加强高校在空管专业的重点科研创新基地与科技创新平台建设。

2.增强社会服务能力

大学要牢固树立主动为社会服务的意识,全方位开展服务,推进产学研用结合,加快科技成果转化。大学要积极参与空管行业建设决策咨询,主动开展空管专业的前瞻性、对策性研究,充分发挥智囊团、思想库作用。

空管专业创新型大学的建设要优化结构、办出特色,优化学科专业、类型、层次结构,促进多学科交叉和融合,重点扩大应用型、复合型、技能型人才培养规模。有关部门要发挥政策指导和资源配置的作用,引导大学合理定位,克服同质化倾向,形成各自的办学理念和风格;在不同层次、不同领域办出特色,争创一流,加快建设一流大学和一流交通运输学科;加快创建世界一流大学和高水平大学的步伐,在交通运输学科培养一批拔尖创新人才,产生一批国际领先的原创性成果,为提升我国综合国力贡献力量。

当前,中国经济发展和高等教育已经进入了新时代,空管教育要以服务国家战略、满足重大需求和促进内涵发展为导向,对高等院校学科建设进行重新审视和重构再生。空管教育需要不断完善空管学科体系,构建综合化、系统化的学科体系,大力推动相关学科交叉融合,促进空管新知识生产,培养高素质创新型、应用型和技能型人才,加强"空中交通工程"相关学科的前瞻性、战略性技术研究储备,更好地支撑引领我国未来经济社会发展。

第三节　面向未来的发展性规律

新时代教育改革发展要秉承新理念、新思想、新观点,加快推进教育现代化,建设教育强国,办好人民满意的教育,服务支撑 2035 年国家基本现代化目标。未来的空管将发生重大变革,新一代科技革命影响深远,全球空管正处于技术变革的关键阶段。当前和今后一个时期,我国空管处于重要的发展战略机遇期,需要加快自主创新,建立健全行业发展的长效机制,保持空管行业全面快速发展。

职业性规律强调历史背景下的空管任务对教育的要求,学科性规律强调时代背景下的空管学科对教育的促进,这两个规律都未能完整地描述空管教育的规律,也未能指导未来空管教育发展。在未来,社会进步与科学发展是必然发生的,人作为社会主体要充分参与其中,空管行业未来的发展也要深度依靠人的力量,未来空管教育的形态,要强调人的全面发展。

一、空管教育的未来趋势

空管教育要符合国家未来战略发展需要,随着教育强国、民航强国、百年强军、交通强国、航空强国等战略深入推进,空管教育的发展也要服从新时代中国特色社会主义发展战略。空管教育者需要认识人类社会的发展规律,着力科学创新,推动教育革新,把握空管行业发展新机遇,迎接空管教育改革新挑战,抓紧培养能够适应和引领空管行业发展的一代新人。

(一)坚持正确发展路径

空管教育在我国走过了一条不平凡的道路,通过几代人的开拓进取,历经了从无到有、从慢到快的发展历程。空管教育创办之初无现成模式可以参考,建设之中无成熟经验可以借鉴,发展之后更没有固定路径可以依赖。但是空管教育者一定要矢志不渝地坚持空管教育社会主义办学方向,遵循高等教育强国之路,要坚定自信,勇于创新,不惧改革,寻找一条适合中国国情的空管教育发展道路。

1. 社会主义的办学方向

空管教育要全面贯彻党的教育方针,坚持社会主义办学方向,落实立德树人根本任务。实践表明,我国教育已经站在新的起点,只有坚持社会主义办学方向,打造特色鲜明的中国教育事业,才能实现从教育大国向教育强国的跨越。空管教育发展过程中,要坚定理想信念,厚植爱国主义情怀,加强品德修养,增长知识见识,培养奉献精神,在增强综合素质上下功夫,培养一代又一代拥护中国共产党领导和我国社会主义制度,立志为中国特色社会主义奋斗终身的空管人才。

2. 高等教育的强国之路

高等教育是教育系统中互相关联的各个重要组成部分之一,包括以高层次的学习、培养、教学、研究和社会服务为其主要任务活动的各类教育机构。高等院校要以建设教育强国为目标,走中国特色教育强国之路。教育强国是教育综合实力、培养能力、国际竞争力和影响力具有突出地位和强大世界影响的国家,体系完备、制度先进、质量优秀、保障有力是现代化教育强国的必备条件。空管教育要在教育强国的背景下,充分利用高等教育的办学优势,深入理解高等教育的教育规律,进一步提升空管教育质量和水平,成为先进教育的发展动力。

(二)回归人本主义

空管教育未来发展必须坚持以人为本。空管教育要遵循高等教育规律,依托学科基础,通过学科建设促进专业建设,还要重视专业内涵,通过专业建设反哺学科建设。空管教育成长与壮大,空管教育兴盛与发展,要敢于直面发展道路上的荆棘曲折。空管教育在今后的道路上,要尊重高等教育规律,坚信人的作用,坚持采用发展的眼光审视空管教育面临的问题,坚定依靠人才的力量推动空管行业未来的发展。

惟改革者进,惟创新者强。百年未有之大变局下,空管教育发展外部环境的复杂性和不确定性不断增加。全球经济、科技、文化、安全、政治格局等深度调整,空管教育要深刻认识周围变化,适时创新教育模式,改革人才培养机制,以自身的变化适应时代的变化。

惟遵循者赞,惟坚守者胜。中国作为世界上最大的发展中国家,人口多,底子薄，人均资源相对不足，根据这一基本国情，我国的发展必须坚持"以人为本"，走人才强国之路。空管教育要深刻理解教育初心，始终坚持以人为本，着力人才教育，以自身的坚守服务社会的发展。

空管教育要发掘学习者主观能动性，充分肯定人在空管教育中的主体地位和作用，激励、调动、发挥教育者和学习者的积极性和创造性，力求实现人的全面、自由发展。空管教育要理解发展的规律，要坚持采用发展的原则体会教育内涵，要坚持采用发展的原则提升人的作用。

二、发展性规律的内涵及特征

唯物辩证法认为，物质是运动的物质，运动是物质的根本属性，而向前的，上升的，进步的运动即是发展。发展是人类社会永恒的主题，人类通过实践活动创造了自己的历史，同时也形成了人类社会历史的发展规律。

(一)发展性规律的内涵

发展是事物不断前进的过程，由小到大，由简到繁，由低级到高级，由旧物质到新物质的运动变化过程。大学教育发展的内涵，是指学校理念、学校文化、学科建设、专业建设、社会服务、人才培养等在教育质量层面的工作。教育发展过程中，质量是教育发展的本质，提高质量是学校教育工作的中心任务。

空管教育的发展是社会的发展，是空管教育制度和教育体制的全面发展；是知识的发展，是空管学科建设和专业建设的全面发展；是人的发展，是空管教育者和学习者的全面发展。空管的发展要符合发展规律，要敬畏发展规律，深入研究规律，按照规律办事，以人类社会发展的一般规律指导空管教育的发展。研究空管教育发展规律要深刻理解，空管教育的产生和发展离不开生产力因素，离不开人类持续不断地探索未知领域。

(二)发展性规律的特征

人是社会实践的主体，既被现实社会所塑造，又在推动社会进步中实现自身发展。从社会现实出发，历史活动的主体不是思想或者精神，而是处在一定社会关系中的从事物质生产实践活动的现实的人。建设什么样的社会、实现什么样的目标，人是决定性因素，是由人的发展而决定的。

1.人的全面发展性

人的全面发展是指人的劳动能力，即人的体力和智力的全面、和谐、充分的发展,还包括人的道德发展,即培养受教育者在德、智、体、美、劳等方面获得完整的发展。建设中国特色社会主义各项事业进行的一切工作,既要着眼于人民现实的物质文化生活需要,同时又要着眼于促进人民素质的提高,也就是要努力促进人的全面发展。

人的全面发展是远大理想,又是人类历史发展规律,是马克思主义基本原理之一,也是中国教育方针的理论基石。空管教育要实现教育者和学习者自由而全面的发展,是教育强国、交通运输强国的建设目标,也是我国社会主义初级阶段的阶段目标,还是马克思主义追求的价值目标。

2.人的个体发展性

教育就是通过个体的社会化和个体的个性化,促使一个生物体的自然人成为一个生活在现实社会中的具体的人。教育的个体发展功能表现为促进个体社会化的功能和促进个体个性化的功能。个体发展从本质上说是一个包含着两个矛盾方向的变化,而又重新系统化的过程。

社会化是每个人的发展都以他人和过去的社会发展为基础,以为他人和未来的社会发展创造与提供了多少有利的条件这一客观实际为标志,从而在实践上实现自身与他人、个体与群体的互助合作、互利互惠、互促互补、和谐发展,实现个人发展与社会发展的具体统一。

个性化是优化自身的素质结构及与相关事物之间关系的要素与结构,提高适应环境、认识事物、变革事物、驾驭事物、创造事物与创造和谐关系的智能,提高人生的价值与精神境界。

个体的思想和行为,符合有利于促进与实现人类个体、群体、整体、自然万物和谐发展的客观实际,就是把个人的生存发展与人类个体、群体、整体与自然万物的和谐发展融合在一起。

三、空管教育与人的发展关系

新时代对我国教育事业发展提出了新的更高的要求,空管教育要按照《国家中长期教育改革与发展规划纲要》和《国家中长期人才发展规划纲要》提出的"建立和完善现代国民教育体系",注重在教育实践中启发人的自我意识。空管教育要回归教育本源,将人的发展与空管教育有机融合,在空管教育中实现人的全面的发展。

(一)坚守人才培养初心

在新的历史起点上办好我国空管教育,需要教育者和学习者认真思考培养什么样的空管人才,怎样培养空管人才,为谁培养空管人才。

1.坚定党的领导

空管教育坚持党对教育事业的全面领导,坚定社会主义办学方向。我国高校是党领导下的高校,是中国特色社会主义高校,肩负着培养德智体美全面发展的社会主义事业建设者和接班人的重大任务,必须毫不动摇地坚持和加强党的领导,贯彻党的教育方针,坚持正确的政治方向。空管教育要以习近平新时代中国特色社会主义思想指导兴办空管专业,确保空管教育始终沿着正确方向发展前进,为国家培养更多的社会主义建设者和接班人。

2.落实立德树人

空管教育落实立德树人的根本任务,实现全过程育人,全方位育人。我国高校基本职能中,人才培养始终是第一位的。高校要大力培育和践行社会主义核心价值观,引导教育者回归教书育人主业,提升育人本领,注重修身养德,做到言传身教,切实担负起先进思想文化的传播者、党执政治国的坚定支持者和学习者以及健康成长的指导者的责任和使命;引导学习者回归认知学习主业,树立远大理想,厚植家国情怀,锤炼品德修为,练就过硬本领,勇于担当使命,坚定做德智体美劳全面发展的中国特色社会主义事业建设者和接班人。

3.坚持创新发展

"创新"既是中国国内推进国家治理体系和治理能力现代化,提高科学民主决策能力的必然选择,也是中国参与国际竞争,提高软实力,适应不断提高的世界地位的战略需求。全球新一轮产业变革正加速演进,技术革命正促使产业分工调整,颠覆性技术不断涌现,空管既面临差距拉大的严峻挑战,也面临赶超跨越的历史机遇。空管专业在"百年未有之大变局"的背景下也面临着挑战和机遇,空管行业创新能力是衡量空管现代化水平的重要标准,因此空管教育必须由传统的要素驱动向更加注重创新驱动转变,培养一大批具有创新精神的空管人。

(二)回归育人基本要务

解决教育的主要矛盾,需要针对发展的不平衡不充分问题,逐步提升教育水平,全面提高质量,不断满足人民对美好生活、美好教育的需求。

1. 坚持内化于心

空管教育首先要完成学习者的社会化,即学习者要逐步成长起来,适应行业需要,由一名空管学习者变成空管行业从业者;其次是实现学习者的现代化,即人类是不断自我完善向前发展的,人的成长应该是健康、进步和进化的,一代要比一代强。空管行业要在空管任务的不断变化中,提高教育目标;空管教育者要在空管学科的不断发展中,丰富知识内涵;空管学习者要在空管行业的不断演化中,永葆学习初心。

2. 坚持外化于行

力行实践的精神为我们提供了一种科学务实的思维方法和精神动力。空管教育要使学习者同时具备基础知识和发展能力,知识是技能和能力的基础,知识、技能与能力有着密切的关系。能力的形成与发展依赖于知识、技能的获得。随着人的知识、技能的积累,人的能力也会不断提高。能力的高低又会影响到掌握知识、技能的水平。能力强的学习者较易获得知识和技能,他们付出的代价也比较小;而一个能力较弱的学习者可能要付出更大的努力才能掌握同样的知识和技能。

3. 坚持知行合一

空管教育是一项认知与实践的过程,需要坚持科学的方法,没有任何捷径可寻。不管是学科建设还是专业建设,空管教育都要脚踏实地,不能凭空起高楼。认知与实践是相互依存的,认知是实践的出发点,是指导实践的,而真正的认知不但能指导实践,而且已在实践的过程中;实践是认知的归宿,是实现认知的,而在切实笃行实践过程中,可以升华认知水平。实践的根本目的是,除了要学习基本知识,掌握相关技能,还要加强德育,空管教育实质上是专业学习和道德修养的认知与实践过程。

一个人的理想只有同国家的前途和民族的命运相结合才有价值,一个人的追求只有同社会的需要和人民的利益相一致才有意义。空管教育继续弘扬实干报国精神,切实贯彻新发展理念,奋力推动创新发展。一代人有一代人的责任,一代人有一代人的担当。伟大的时代赋予当代空管教育更多的机遇和挑战,空管教育者和学习者将以鹰击长空的劲头和舍我其谁的精气神,将人生梦想汇入实干兴邦。

事物都是由矛盾构成的,事物矛盾中的多个矛盾以及矛盾的各个方面在事物发展中的地位和作用是不同的,有主要矛盾和非主要矛盾、矛盾的主要方面和非主要方面。空管教育的三个规律是矛盾的,是对立统一的,每个规律在特殊阶段都具备重要特性。如何认识空管教育中的矛盾关系,是空管教育者需要具备的智慧,是空管教育者实践空管教育科学发展的能力。解决空管教育的主要矛盾,需要针对空管教育发展的不平衡不充分问题,逐步提升教育的优质化水平,全面提高质量,不断满足人民对美好生活、美好教育的需求。

空管教育要在党的坚强领导下,全面贯彻党的教育方针,坚持马克思主义指导地位,坚持中国特色社会主义教育发展道路,坚持社会主义办学方向,立足基本国情,遵循教育规律,坚持改革创新,以凝聚人心、完善人格、开发人力、培育人才、造福人民为工作目标,培养德智体美劳全面发展的社会主义建设者和接班人,加快推进教育现代化,建设教育强国,办好人民满意的教育。

第五章 空管学历教育设计与实施

空管专业的学历教育属于工程学科领域的交通运输工程一级学科，分为本科和研究生两个层次。国内高等院校的空管专业以本科教育为主，学生经过四年的专业学习，取得交通运输专业的大学本科学历并获得工学学士学位。在研究生教育方面，硕士、博士研究生经过学习，可以取得工学硕士或工学博士学位。

在中国高等教育体系中，工程教育"三分天下有其一"，地位举足轻重。2016年6月，在吉隆坡召开的国际工程联盟大会上，我国正式加入国际上最具影响力的工程教育学位互认协议——《华盛顿协议》。通过认证协会认证的工程专业，毕业生学位将得到加入《华盛顿协议》的其他组织的认可，极大地提高了我国工程教育的国际影响力。加入该协议意味着我国工程专业本科学位将有一部分得到国际认可，当然也对我国工程教育体系提出了新的要求——按照国际标准培养，切实提高工程技术人才培养质量。近年来，我国工程教育改革和转型发展不断深化，构建了多元化、多样性、多阶段、多类型的工程教育体系。

工程教育专业认证是针对高校开展的专门性认证，其核心是要确认通过认证的高校所培养的毕业生达到行业、社会认可的质量标准，是一种以培养目标和毕业要求为导向的合格性评价，要求进行认证的专业在课程体系设置、师资队伍配备和办学条件配置等方面都要围绕学生毕业能力达成这一核心展开，并建立持续改进的机制和文化以保证教育质量和教育活力。工程教育认证标准及其关系，如图5-1所示。

我国工程教育认证主要倡导三个基本理念：

第一个是学生中心理念，强调以学生为中心，围绕培养目标和全体学生毕业要求的达成进行资源配置和教学安排，并将学生和用人单位满意度作为专业评价的重要参考依据。

第二个是成果导向理念,强调专业性教学设计和教学实施以学生接受教育后所得的学习成果为导向,并对照毕业生核心能力和要求,评价专业教育的有效性。

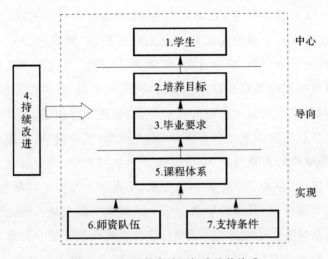

图 5-1　工程教育认证标准及其关系

第三个是持续改进理念,强调专业必须建立有效的质量监控和持续改进机制,能持续跟踪改进并推动专业人才培养质量不断提升。

空管学历教育是个复杂的系统,以下将基于工程教育认证的理念,结合工程教育认证的标准,从培养对象、培养目标、毕业要求、课程体系、持续改进、师资建设、支持条件等方面分析空管学历教育的设计与实施。

第一节　学　　生

学生是教育的主体,其素质和能力是学校教育成效的最终体现。空管专业应始终坚持以行业需求为导向,以学生素质提高为抓手,以工程能力培养为根本,从源头抓起,高度重视学生的成长过程管理与精细化指导,注重学生素质培养与行业对人才素质需求的有效对接,以开放和包容的态度对待学生校内流动、校外交流,精心教育,科学管理,精细服务,为民航业的发展培养出大批厚基础、强实践、高素质的优秀毕业生。

空管专业应具有吸引优秀生源的制度和措施。"优秀生源"不能仅用分数衡量,要包括"质"和"量"。"质"主要包含两部分,一是生源对本专业的认识(认知度:对本专业了解的程度)和认可(认可度:喜欢本专业的程度);二是他们具有相对好的成绩[如,新生高考成绩、在校学习专业分流(一年级、二年级)的成绩]。"量"表示生源的充足性。"优秀生源"是一个相对的概念,受学校、行业和社会背景的影响,在不同专业的表现形式不尽相同。"制度和措施"重点关注学校对专业的要求和专业采取的措施,通常包括专业生源质量分析、专业自身优势分析、招生宣传、奖学金、助学金、在校生专业认可度分析等方面。制度措施应该具有稳定性和连续性,有人员、条件保证执行和落实。此外,还应对制度执行效果进行分析和评价,促进制度改进、完善。

专业应具有完善的学生学习指导、职业规划、就业指导、心理辅导等方面的措施,并能够很好地执行落实,应开展学生学习指导、职业规划、就业指导、心理辅导等工作,帮助学生达成毕业要求,实现学生发展。各项指导活动中,学生学习指导是重点,其他指导活动从不同侧面予以支持。专业任课教师应在学生学习指导工作中发挥主力作用,结合课程教学开展学习指导工作。学习指导应实现以下目标:首先,应该让学生清楚专业的毕业要求,对自己毕业时所具备的知识、能力、素质有所预期,并对实现毕业要求的路径有所了解;其次,应该让学生明白每一门课程的地位和作用,了解课程学习与实现毕业要求的关系,增强学习主动性和自觉性;最后,应该建立起良好的师生沟通渠道,使学生在学习中遇到问题时能够向教师寻求帮助。职业规划、就业指导、心理辅导等工作应该与学生达成毕业要求相联系,促进学生发展。

专业应对学生在整个学习过程中的表现进行跟踪与评估,并通过形成性评价保证学生毕业时达到毕业要求,需对学生个体的学业情况进行跟踪与评估,对于学业有困难的学生及时预警,并采取必要的帮扶措施,帮助学生提高学业成绩,达成毕业要求。专业需建立形成性评价机制。形成性评价是指在课程教学过程中通过各种方式观察和评价学生的学习状态,发现问题,及时纠正或帮扶,帮助学生达成课程目标。形成性评价的目的是有针对性地改进教学,使尽可能多的学生在学业结束时能够满足毕业要求。

专业应有明确的规定和相应认定过程,认可转专业、转学学生的原有学分,重点关注专业对转入学生原有学分认可的依据和程序。之所以要"认可""原有学分",是因为这些"学分"对应的教学活动承担着为指定的毕业要求指标点达成提供支撑的任务,而不同学校、不同专业的"教学活动"是各具特色、不尽相同的。学生获得本专业某门课的学分,表明学生通过该课程的学习,为相关毕业要求的达成提供了相应的支持,因此,专业必须通过判断学生在本专业之外获取的学分在支撑本专业毕业要求方面是否"等价"或"覆盖"来决定是否认可该学分。专业应基于这一原则制定学分认定规定,明确学分认可的依据、责任人和执行程序,并保证认定结果有据可查。

航空运输业是朝阳产业,是高新技术密集型产业,国际化趋势明显,空中交通管理及航空公司运行控制是民航核心业务,其价值得到了社会的高度认可,对优秀生源具有强烈的吸引力。随着航空运输业的高速发展,对空管和航空公司运行控制人才的需求激增,实施空管学历教育的高校在加大优秀生源选拔力度的同时,应出台一系列的政策,确保生源质量不断提高。这些政策比较典型的有下面几条。

第一,调整招生策略,提高生源质量。学校每年制订、发布招生章程,应不断完善学校招生信息网宣传工作,更新历年学校不同专业在各省市的录取分数线,同时利用学校官网、微信公众号等新媒体形式,通过报考指南、政策解读、招生宣传册等方式,让社会、考生、考生家长较全面、准确了解空管专业的相关信息,指导考生科学合理填报志愿,吸引更多优秀生源。全方位健全和创新招生举措,扩大专业知名度。

第二,建立畅通机制,确保优中选优。学校建立优秀学生自主选择专业机制,考入其他专业的本科生入学后如满足相应要求,可申请转入空管专业;第一学年成绩优秀的其他专业本科生可申请转入空管专业。

第三,健全奖助学机制,激发学习动力。学生在校学习期间经过评选可获得各类优秀学生奖(助)学金;建立和完善"奖、贷、助、补、减、免"等多元化的资助体系,从精神和物质上激励优秀学生更优秀,解除经济困难学生的后顾之忧;为学习成绩优异者提供继续深造或实习的机会,学校可以与 ENAC、AIRBUS、BAE、EPN、FAA、SAA 等建立校际关系,开展学生交流活动。

第四,以需求为导向,拓宽就业渠道。为适应民航行业发展对专业人才的需求,更好地满足用人单位的岗位需求,学校根据往年用人单位的录用情况和学生的学习能力、个性特点、行业需求数量等因素,调整空管专业培养方案,充分发挥学生的特长和优势,有效提升人才培养质量,满足行业差异性需求,提高毕业生就业率及就业质量。

空管专业应始终将立德树人作为根本任务,全面贯彻党和国家教育方针,立足培养适应民航发展的新时代青年大学生,以毕业要求与专业培养为基本目标,以全素质发展与纪律养成作为第二要求,建立基于学习指导、职业规划、心理辅导的三元培养手段,提出精准指导的工作要求,联动学生、教师、学院、学校开办多样化的培养方式,在课堂、活动室、宿舍、讲堂等多类场所开展各项学生指导教育。

第二节　培养目标

空管学历教育首先要有公开的、符合学校定位的、适应社会经济发展需要的培养目标。培养目标是对该专业毕业生在毕业后 5 年左右能够达到的职业和专业成就的总体描述。专业制定培养目标时必须充分考虑内外部需求和条件,包括学校定位、专业具备的资源条件、社会需求和利益相关者的期望等。专业应通过各种方式使利益相关者(特别是专业教师)了解和参与培养目标的制定过程,在培养目标的内涵上达成共识。同时,专业应有明确的公开渠道公布和解读专业的培养目标,使利益相关者知晓和理解培养目标的含义。

另一方面,要定期评价培养目标的合理性并根据评价结果对培养目标进行修订,评价与修订过程有行业或企业专家参与。对培养目标进行合理性评价是修订培养目标的基础工作。所谓合理性是指专业培养目标与学校定位、专业具备的资源条件、社会需求和利益相关者的期望等内外需求和条件的符合度。专业应定期开展培养目标合理性评价,了解和分析内外需求和条件的变化,并根据变化情况修订培养目标。要求企业或行业专家参与评价修订工作,是为了保证评价和修订工作能够更好地反映行业的人才需求,使专业的人才培养工作更加符合行业的需求。

一、本科生层次

在过去的 30 年中,随着民航业的发展和民航新技术的持续更新,行业对人才培养质量的要求也发生了较大变化,因此各个院校空管专业的培养目标也历经多次调整。

20 世纪 90 年代以前,飞行运行以地基导航和推测领航为支持手段,民航空中交通管理主要采用程序管制。因此,当时的空管专业主要培养实施程序管制工作的管制员和支持航空器运行的航空情报人员。

自 20 世纪 90 年代以来,中国民航始终保持高速的发展态势,平均增速达 17% 以上,截至 2021 年,我国民航完成运输总周转量、旅客运输量和货邮运输量分别为 857 亿吨千米、4.4 亿人次、732 万吨,民航机队规模达到 6 747 架,全行业注册无人机 52.36 万架。在空中交通管理方面,程序管制逐渐被更为先进的雷达管制所代替。计算机技术的飞速进步则推动了航空情报自动化水平的不断提高,工作岗位开始减少。为此,各院校适时调整了空管专业的培养目标,将能够同时胜任雷达、程序管制的管制员和航空公司运行控制人员作为培养目标。

进入 21 世纪以来,随着航班数量的不断增加,越来越多的航班飞出国门,确保持续安全、符合国际标准已经成为民航发展的新要求。根据民航局 2011 年推出的《民航业人才队伍建设中长期规划(2010－2020)年》(民航发〔2011〕14 号),民航从业人员从 2009 年的 110 万人增长到 2020 年的 240 万人。为空管等服务保障和航空运输领域培养大批专业化、国际化的高层次工程技术及管理人才,成为民航院校义不容辞的责任和使命。

实施空管专业学历教育的院校要明确人才培养目标,制定的培养大纲要满足教育部本科教育和民航局对空管行业入职管理的双重要求。民航院校人才培养目标是培养底蕴深厚、知识复合、面向国际的空管应用和研究型人才,使学生具有较强工程实践和创新能力,富有社会责任感,成为高素质、强能力、国际化的高级工程技术与工程管理人才。

交通运输专业毕业生的发展预期是:1～2 年可以考取中国民用航空管制员执照;2～3 年后熟悉国内外管制规则、程序与方法,使用双语(中文和英文)安全、娴熟指挥大流量空中交通,具备繁忙空域独立管制能力;4～5 年后能够冷静、正确处置各种非常规情况,对管制运行中存在的各种问题给予技术支持。

培养目标是整个专业建设和发展的核心,也是教与学的指向标。为此,院校需采取多种措施向学生、教师和社会宣传其培养目标。同时,院校要与时俱进,遵循以社会需求为导向,坚持与用人单位的专家共同确定人才培养目标及人才定位、培养目标与培养方案同时进行修订的基本原则,定期对空管人才培养目标进行评价和修订。培养目标的评价和修订机构是学校、学院本科教学指导委员会,由主管教学的领导组织负责,成立培养方案修订工作组,安排并具体实施修订工作。培养目标的合理性评价按照培养方案修订周期,原则上每 4 年进行一次,对于培养目标实现与否进行衡量。评价方式包括用人单位评价、往届毕业生(校友)评价、本专业教师评价、企业行业专家评价和第三方机构评价等。

二、研究生层次

研究生层次的空管教育分为学术型硕士研究生教育和专业型硕士研究生教育。学术型硕士研究生属于"交通运输工程"一级学科,学科方向有"交通运输规划与管理""交通信息工程及控制"和"空中交通规划与管理";专业型硕士研究生专业名称为"航空交通运输",学科方向有"交通运输规划与管理"和"空中交通系统分析及控制"。

学术型硕士研究生的学科方向有三个:①"交通运输规划与管理"面向民航强国建设,围绕航空运输空域、时刻、航线、机队等资源高效配置,研究四维运行特征下稀缺资源的时空配置与单一要素资源利用效率问题,支撑航线布局与机场规划、智慧运行与协同管理、污染排放与环境影响、市场机制调节等全链条理论、技术、方法及装备的相关研究。②"交通信息工程及控制"是研究航空交通信息的采集、传输、处理与控制的基本理论和电子、通信、信息与控制技术在交通运输工程中的应用。立足于民航交通运输领域,主要研究机场运行仿真、空域运行仿真、飞行性能管理等方面的工程技术和管理问题,它们有共同的理论和专业基础,与系统工程、安全、管理、机械、自动化、信息等学科领域有着密切的联系和交叉。③"空中交通规划与管理"是一门多学科交叉的新兴学科,主要研究航空运输系统规划与管理的理论和方法。通过对民航交通运输系统航线网、机场网和运行监控网的科学规划,及运行过程的优化管理,实现空域、机场资源的高效利用和航班运行的安全、顺畅。

学术型硕士研究生的培养目标:本学科硕士学位获得者应掌握马克思主义基本理论,树立正确的中国特色社会主义核心价值观,具有坚定的理想信念、高尚的道德品质、良好的学术修养、勇于创新的科学精神和高度的社会责任感。本学科以国内外民航新概念、新理论、新技术发展为导向,注重学生知识、能力、素质等方面的协调发展和创新能力的培养,具有本学科宽广扎实的基础理论和系统深入的专业知识。在持续适航、空管、绿色运营规划等方面具有本学科宽广扎实的基础理论和系统深入的专业知识;使学生具备从事交通运输规划与管理、绿色交通、空中交通信息工程及控制学科研究工作和工程开发的理论知识结构和能力结构;熟练掌握和运用一门外语;注重学生品德、知识、能力、素质等方面的协调发展和创新能力的培养,使之成为民航交通运输及相关领域的高水平创新型、应用型复合人才。

"航空交通运输"专业学位领域是一门多学科交叉的新兴学科,主要研究交通运输系统工程中的相关理论、方法和技术。"空中交通系统分析及控制"领域是面向国家航空安全保障体系建设和北斗国际化的重大战略需求,研究基于星基的新一代空中交通管理体系、面向低空开放的通用航空运行保障系统、航路与机场智慧运行及控制技术。围绕空地四维航迹协同运行与智能控制问题,研究空中交通态势智能感知与融合处理、复杂航空气象探测、空中交通航迹协同控制理论方法和关键技术。

专业型硕士研究生的培养目标:本专业硕士学位获得者应树立正确的中国特色社会主义核心价值观,具有坚定的理想信念,高尚的道德情操,具有对国家、对社会、对人民的高度责任感和使命感,诚实守信的品德,良好的职业道德和敬业精神,严谨求实的学风和勇于创新的科学精神。学生通过系统的理论学习和专业技能训练,获得良好的基础理论、扎实的专业技能、突出的实践能力和优秀的综合素质,具备从事航空交通运输领域研究工作的理论知识结构和能力结构,有较强的工程开发能力;至少掌握一门外国语,能熟练阅读本专业的外文资料,具有撰写学术论文和进行国际学术交流的能力,并能熟练掌握和运用外文文献来获取先进的理论和知识;具有良好的团队意识和团队合作精神;具有健康的身体和良好的心理素质,成为民航交通运输领域的高层次专业人才和德智体美劳全面发展的社会主义事业接班人。

第三节 毕 业 要 求

空管学历教育必须有明确、公开、可衡量的毕业要求,毕业要求应能支撑培养目标的达成。专业制定的毕业要求应完全覆盖以下 12 项内容。这里提出了"明确、公开、可衡量、支撑、覆盖"的要求。所谓"明确",是指专业应当准确描述本专业的毕业要求,并通过指标点分解明晰毕业要求的内涵。所谓"公开",是指毕业要求应作为专业培养方案中的重要内容,通过固定渠道予以公开,并通过研讨、宣讲和解读等方式使师生知晓并具有相对一致的理解。所谓"可衡量",是指学生通过本科阶段的学习能够获得毕业要求所描述的能力(可落实),且该能力可以通过学生的学习成果和表现判定其达成情况(可评价)。所谓"支撑",是指专业毕业要求对学生相关能力的描述,应能体现对专业培养目标定位和特色的支撑。所谓"覆盖",是指专业制定的毕业要求在广度上应能完全覆盖标准中 12 条毕业要求所涉及的内容,描述的学生能力在程度上应不低于 12 项标准的基本要求。

上述 12 项标准包括:

(1)工程知识:能够将数学、自然科学、工程基础和专业知识用于解决复杂工程问题。本标准项对学生的"工程知识"提出了"学以致用"的要求,包括两个方面,其一,学生必须具备解决复杂工程问题所需的数学、自然科学、工程基础和专业知识;其二,能够将这些知识用于解决复杂工程问题。前者是对知识结构的要求,后者是对知识运用的要求。

(2)问题分析:能够应用数学、自然科学和工程科学的基本原理,识别,表达,并通过文献研究分析复杂工程问题,以获得有效结论。本标准项对学生"问题分析"能力提出了两方面的要求,其一,学生应学会基于科学原理思考问题,其二,学生应掌握"问题分析"的方法。前者是思维能力培养,后者是方法论教学。

(3)设计/开发解决方案:能够设计针对复杂工程问题的解决方案,设计满足特定需求的系统、单元(部件)或工艺流程,并能够在设计环节中体现创新意识,考虑社会、健康、安全、法律、文化以及环境等因素。本标准项对学生"设计/开发解决方案"的能力提出了广义和狭义的要求。广义上讲,学生应了解"面向工程设计和产品开发全周期、全流程设计/开发解决方案"的基本方法和技术;狭义上讲,学生应能够针对特定需求,完成单体和系统的设计。

(4)研究:能够基于科学原理并采用科学方法对复杂工程问题进行研究,包括设计实验、分析与解释数据,并通过信息综合得到合理有效的结论。本标准项要求学生能够面向复杂工程问题,按照"调研—设计—实施—归纳"的思路开展研究;能够基于科学原理,通过文献研究,调研和分析解决复杂工程问题的方案;能够根据对象特征,选择研究路线,设计实验方案;能够根据实验方案构建实验系统,安全地开展实验,科学地采集实验数据;能对实验结果进行分析和解释,并通过信息综合得到合理有效的结论。

(5)使用现代工具:能够针对复杂工程问题,开发、选择与使用恰当的技术、资源、现代工程工具和信息技术工具,包括对复杂工程问题的预测与模拟,并能够理解其局限性。本标准对学生"使用现代工具"的能力提出了"开发、选择和使用"的要求。现代工具包括技术、资源、现代工程工具和信息技术工具。学生能够了解专业常用的现代仪器、信息技术工具、工程工具和模拟软件的使用原理和方法,并理解其局限性;能够选择与使用恰当的仪器、信息资源、工程工具和专业模拟软件,对复杂工程问题进行分析、计算与设计;能够针对具体的对象,开发或选用满足特定需求的现代工具,模拟和预测专业问题,并能够分析其局限性。

(6)工程与社会:能够基于工程相关背景知识进行合理分析,评价专业工程实践和复杂工程问题解决方案对社会、健康、安全、法律以及文化的影响,并理解应承担的责任。本标准项要求学生关注"工程与社会的关系",理解工程项目的实施不仅要考虑技术可行性,还必须考虑其市场相容性,即是否符合社会、健康、安全、法律以及文化等方面的外部制约因素的要求。标准中提及的"工程相关背景"是指专业工程项目的实际应用场景。标准中所指的"对社会、健康、安全、法律以及文化的影响"不是一个宽泛的概念,是要求学生能够根据工程项目的实施背景,有针对性地应用相关知识评价工程项目对这些制约因素的影响,理解应承担的相应责任。

(7)环境和可持续发展:能够理解和评价针对复杂工程问题的工程实践对环境、社会可持续发展的影响。本标准项要求学生必须建立环境和可持续发展的意识,在工程实践中能够关注、理解和评价环境保护、社会和谐,以及经济可持续、生态可持续、人类社会可持续的问题。

(8)职业规范:具有人文社会科学素养、社会责任感,能够在工程实践中理解并遵守工程职业道德和规范,履行责任。本标准项对工科学生的人文社会科学素养、工程职业道德规范和社会责任提出了要求。"人文社会科学素养"主要是指学生应具有正确价值观,理解个人与社会的关系,了解中国国情。"工程职业道德和规范"是指工程团体的人员必须共同遵守的职业操守,不同工程领域对此有更细化的解读,但其核心要义是相同的,即诚实公正、诚信守则。工程专业的毕业生除了要求具备一般的思想道德修养和社会责任感,更应该强调工程职业的道德和规范,尤其是对公众的安全、健康和福祉,以及环境保护的社会责任感。

(9)个人和团队:能够在多学科背景下的团队中承担个体、团队成员以及负责人的角色。本标准要求学生能够在多学科背景下的团队中,承担不同的角色。强调"多学科背景"是因为工程项目的研发和实施通常涉及不同学科领域的知识和人员,即便是某学科或某个人承担的工程创新和产品研发项目,其后续的中试、生产、市场、服务等也需要不同学科的人员协作,因此学生需要具备在多学科背景的团队中工作的能力。

(10)沟通:能够就复杂工程问题与业界同行及社会公众进行有效沟通和交流,包括撰写报告和设计文稿、陈述发言、清晰表达或回应指令,并具备一定的国际视野,能够在跨文化背景下进行沟通和交流。本标准对学生就专业问题进行有效沟通的能力,及其国际视野和跨文化交流的能力提出了要求。学生能就专业问题,以口头、文稿、图表等方式,准确表达自己的观点,回应质疑,理解与业界同行和社会公众交流的差异性;了解专业领域国际发展趋势、研究热点,理解和尊重世界不同文化的差异性和多样性;具备跨文化交流的语言和书面表达能力,能就专业问题,在跨文化背景下进行沟通和交流。

(11)项目管理:理解并掌握工程管理原理与经济决策方法,并能在多学科环境中应用。本标准所述的"工程管理原理"主要是指按照工程项目或产品的设计和实施的全周期、全流程进行的过程管理,包括多任务协调、时间进度控制、相关资源调度,人力资源配备等。"经济决策方法"是指对工程项目或产品的设计和实施的全周期、全流程的成本进行分析和决策的方法。

(12)终身学习:具有自主学习和终身学习的意识,有不断学习和适应发展的能力。本标准强调终身学习的能力,是因为学生未来的职业发展将面临新技术、新产业、新业态、新模式的挑战,学科专业之间的交叉融合将成为社会技术进步的新趋势,所以学生必须建立终身学习的意识,具备终身学习的思维和行动能力。学生能在社会发展的大背景下,认识到自主学习和终身学习的必要性;具有自主学习的能力,包括对技术问题的理解能力、归纳总结的能力和提出问题的能力等。

一、本科生层次

空管学历教育的院校可以依据上述标准的反向设计原则,充分考虑交通运输领域的复杂工程问题和非技术因素,经校内外充分商讨与广泛征求意见,制订空管专业毕业要求,覆盖通用标准基本要求,支撑培养目标的达成;进而设计相应的教学活动,对毕业要求形成支撑,并通过多种途径面向校内外公开宣传和解读毕业要求,建立定期评价和修订机制,专业负责人、教研室主任、课程负责人、专业教师、督导、行业专家、学生等充分参与毕业要求的评价修订过程。

民航院校交通运输专业的毕业生要胜任空中交通服务、空域管理、流量管理等岗位工作,毕业时出口标准必须满足三个方面的要求:素质结构要求、能力结构要求和知识结构要求。素质结构主要包括思想道德素质、文化素质、专业素质、身心素质四个方面;能力结构主要包括获取知识能力、应用知识能力、创新能力、职业适应能力四个方面;知识结构主要包括工具性知识、人文社会科学、自然科学知识、工程技术知识、经济管理知识、专业知识六个方面。

中国民航大学交通运输专业结合 12 项标准及上述要求,制定了 10 项毕业要求。10 项毕业要求及促进其达成的具体举措如下。

毕业要求 1(道德素养):具有人文社会科学素养、社会责任感和工程职业道德。

空管专业学生所致力的民用航空业是一个高科技、高风险、高投入的行业,工作质量关乎国防安全、国家形象以及人民的生命财产安全,需要从业人员具有崇高的使命感、高度的责任意识、严格的组织纪律性、严谨的工作作风、良好的团队精神、沉稳的心理素质。

空管专业开设有包括马克思主义基本原理、中国近现代史纲要、习近平新时代中国特色社会主义思想概论、思想道德修养与法律基础以及毛泽东思想和中国特色社会主义理论体系概论等人文社科类课程;增设人文科学和艺术方面的公共选修课供学生选修;通过课堂教学、研读、研讨等学习模式,向学生推荐人文书籍阅读目录,指导学生阅读中外文学名著或文化、历史、艺术基本理论方面的书籍。

在专业课程的教学环节中,学校通过案例分析、实践教学及岗位实习,培养学生应具备的工程素养;定期邀请行业专家,灌输空管行业安全理念,并且通过外聘管制教员的言传身教将空管行业职业道德进一步渗透到学生的心灵深处,进而转化为学生自觉的行为,养成良好的行业职业道德习惯。

此外,学校定期组织各类讲座(健康教育、形势与政策、入学教育、大学生素质教育等),引导学生积极参加文化艺术类社团活动,鼓励学生参与写作、演讲、辩论等竞赛活动;组织学生参加暑期实践、义务献血、志愿服务西部等活动,让学生感悟和体会所肩负的社会责任;指导学生创办院刊,以学生的视角诠释空管理念,弘扬空管文化。

毕业要求 2(科学基础):具有从事工程工作所需的相关数学、自然科学以及经济和管理知识。

专业培养方案的制订应充分考虑到学生工程素养的培养需要,所开设的课程包括高等数学、线性代数、概率论与数理统计、运筹学等数学类课程,以及大学物理、大学物理实验、空气动力学等自然科学类课程,此外,为丰富学生的经济和管理知识,还可开设管理学原理等经济管理类课程;同时,引导学生积极参加各类数学竞赛、物理竞赛、全国大学生数学建模大赛等竞赛活动。

毕业要求 3(专业基础):掌握工程基础知识和本专业的基本理论知识,具有系统的工程实践学习经历,了解本专业的发展现状和趋势。

为适应毕业生未来工作和发展的需要,提升空管专业毕业生的工程基础知识和基本理论,专业可以开设大学计算机基础、Python 语言程序设计、机器学习基础、飞行原理、交通工程学、工程伦理学、交通安全系统工程、智能交通系统、航空气象学、飞机系统和发动机、交通运输专业英语、空管设备与系统、领航与导航、航空情报服务与航图等课程。

除了常规的交通运输专业生产实习外,为让学生了解空管行业的发展前沿和趋势,学校可以不定期聘请国内外空管行业知名专家和一线技术骨干到学院为师生举行关于空管新技术、新程序、新设备、新概念等方面的专题讲座;同时,积极组织学生参加各学科学术讲座活动,开拓学生视野,激发学习兴趣,寻找学习兴奋点,了解学科前沿知识和动向;鼓励学生积极参加各类学科竞赛活动,发表论文等,展示学习与研究成果;引导学生参与教师的科研课题,了解行业发展动态。

毕业要求 4(工程实践):具备设计和实施工程实验的能力,并能够对实验结果进行分析。

围绕空管中的进近雷达管制、多跑道机场指挥、非常规情况处置等实际工作中的重点、难点问题,专业实验室为学生构造逼真的模拟环境,专业教师积极引导学生主动观察,积极思考,逐步培养学生自主学习和发现问题、解决问题的能力。专业学习中,教师普遍采取了这种以问题为导向、以大作业、专题研究、课程设计、阅读报告、综合性实验等为载体,引导学生进行自主式、实践性学习的教学模式和考核方法。

为使学生具备综合运用科学理论和技术手段分析和解决工程问题的能力,空管专业一方面应根据专业方向,开设不同类型的实践课程和课程设计,如:陆空通话 CBT、非常规陆空通话、航空情报服务、人为因素、机场管制、机场管制模拟训练、雷达管制、雷达管制模拟训练、程序管制、程序管制模拟训练、空管数学建模与课程设计、空域规划课程设计等课程。另一方面,生产实习是在学生完成了专业课程学习,基本确定了工作岗位之后,进入岗位一线开展的深度认知和实践,为毕业设计(论文)积累实践素材的学习环节。毕业设计(论文)是确保学生综合运用所学科学理论和技术手段来分析解决工程问题的重要途径。校企合作、结合科研项目、面向岗位实际等方式,可以提高毕业设计题目的工程实践性和行业针对性;毕业设计开题、中期检查、论文答辩、优秀毕业设计选拔等环节,可以提高学生的动手能力和主动性。

毕业要求 5(创新能力):掌握基本的创新方法,具有追求创新的态度和意识;具有综合运用理论和技术手段设计系统和过程的能力,设计过程中能够综合考虑经济、环境、法律、安全、健康、伦理等制约因素。

空管专业一定要重视学生创新能力的培养,具体措施包括但不限于以下几方面:

(1)开设创新能力培养课程。在培养方案中设置了有助于提升学生创新能力的课程,如空管系统建模与仿真、空域规划,使学生能运用计算机技术及所学工程规划知识开展创新性设计。

(2)开展以问题为导向的研究型教学。在专业基础和专业课程中全面开展研究型教学,逐步建立起系统性、综合性和创造性思维,培养学生自主学习和发现问题、解决问题的能力,采取以问题为导向的教学模式,以大作业、专题研究、课程设计、研究性实验为载体,引导学生进行探索式学习,积极改革学业考核方式。

(3)鼓励学生参与科研训练。支持学生积极申报研究课题,引导学生参加科技立项活动;利用学校已有的科研平台让学生进行基本的科研训练。

(4)参加竞赛与活动。组织学生参观科技展览、参加学术讲座,拓宽学生视野,增强理论联系实际的能力;鼓励学生参加各种创新性大赛,如大学生数学建模竞赛、交通科技大赛、"挑战杯"竞赛、"创新杯"竞赛等。

毕业要求 6(信息获取):掌握文献检索、资料查询及运用现代信息技术获取相关信息的基本方法。

空管专业应开设一系列工程基础课程,帮助学生建立专业学科知识体系的整体概念,掌握科技文献检索、数据采集与分析、科研报告与科技论文撰写等方面的一些基本技能,以便开展工程科学研究,并逐步认识专业,研究专业,掌握专业的研究思路和方法,了解科学研究的基本流程及关键环节,从而初步完成对科学研究的认识和综合型思维的塑造。

同时,院校图书馆还可以经常性开展各种数据库使用培训,并提供大讲堂等在线咨询和包括读者培训、自建数据库、论文查收查引、文献传递以及数据库等离线咨询服务。专业授课教师也在学生课程设计、毕业设计以及毕业论文撰写过程中给予必要的指导,使其拥有可以独立查阅各种图书资料的能力。

毕业要求 7(行业法规):了解与本专业相关的职业和行业的生产、设计、研究与开发、环境保护和可持续发展等方面的方针、政策和法律、法规,能正确认识工程对于客观世界和社会的影响。

由于空管专业毕业生将来所从事的工作与国际民航组织、中国民航局、美国联邦航空局、欧洲安全组织等国际机构的民航法规息息相关,为提升学生对国内外法律法规,特别是国际上比较重要的法律、行业法规、部门规章、规范性文件及标准的学习,空管专业在培养方案的制订上,要特别注重相关业务的学习,如开设民航概论、管制规则与程序、航空法规等相关课程,并在每学期不定期邀请国内外知名空管法规专家及资深空管培训专家举办学术报告或讲座,使学生了解国内外民航法规发展变化的新趋势和新规定,正确认识空管运行对于社会、经济、环境的影响。

毕业要求8(管理能力):具有一定的组织管理能力、表达能力和人际交往能力以及在团队中发挥作用的能力。

在与空管工作相关的众多部门与机构的协调中,需要较好的沟通和表达能力,因此,学校在学生培养中高度重视学生的组织管理能力和人际沟通能力。为避免工科学生重技术、轻组织管理,重个人学术水平、轻团队合作的问题,学校在人才培养上强调团队合作意识和组织管理能力的培养。空管专业所开设的人为因素、模拟训练等多门课程中,都包含沟通交流、团队合作能力的培养环节;开设的管理学原理课程,能够丰富学生的组织管理知识。此外,学校不定期邀请企业管理人员举办报告会和座谈会,并鼓励学生积极参加各种社团或研究小组,组织公益劳动、文艺汇演、暑期社会实践及其他社团活动,增强学生组织管理、个人表达和人际交往能力。

毕业要求9(学习能力):对终身学习有正确认识,具有不断学习和适应发展的能力。

由于民航属于技术密集型行业,各项空管新技术不断更新,需要学生具备终身学习的能力以适应环境的变化和发展。所以,本专业要求毕业生必须具有不断充实、完善知识体系和自我学习的能力,以及适应环境发展的能力。教师在教学设计中,设置自学环节,布置设计型作业,加强学生自学能力的培养,养成终身学习的习惯。

毕业要求10(国际交流):具有国际视野和跨文化的交流、竞争与合作能力。

为了使学生具有国际视野和跨文化的交流、竞争与合作能力,培养方案中设计了大学英语四年不断线、双语教学、国际交流与合作项目等规划。

空管专业培养方案中四项培养规格分别为知识结构要求、技能结构要求、能力结构要求和素质结构要求,有效支持了培养目标的达成。因此,培养方案中毕业要求的实现,即培养目标的达成。空管专业培养规格与10项毕业要求的对应关系,如图5-2所示。

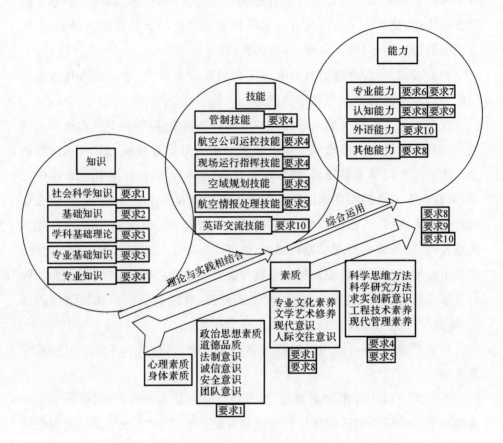

图 5-2　空管专业培养规格与 10 项毕业要求的对应关系

二、研究生层次

　　空管专业研究生层次的毕业要求在本科层次的基础上更强调创新能力的培养。

　　研究生层次的空管专业人才能力结构要求见表 5-1。获取知识能力包括自学能力、表达能力、社交能力、计算机及信息技术应用能力、文献检索能力;应用知识能力包括综合应用知识能力、实验实训能力、工程实践能力;创新能力包括创新思维能力、创新实践能力、科研开发研究能力;职业适应能力包括专业能力、发展能力、适应能力。

表 5 - 1　空管专业研究生层次毕业要求

能　力		要　求
获取知识能力	自学能力	具有自主的学习能力、高效科学的学习方法,具有终身学习的观念
	表达能力	具有良好的书面表达和口头交流能力,能满足民航需求的外语交流能力,以及针对民航专业问题进行沟通的能力
	社交能力	具有良好的社交和协调能力,善于与他人合作,待人谦和,虚心求教,理解世界民航文化的差异和多样性
	计算机及信息技术应用能力	熟练掌握计算机基础知识,掌握一种或以上的计算机高级语言编程方法,会使用民航领域常用的计算机软件
	文献检索能力	具有基本的资料搜集和文献检索能力,特别是利用互联网进行资料检索和查询,把握民航发展趋势和研究热点的能力
应用知识能力	综合应用知识能力	具有综合运用民航专业知识、分析和解决实际问题的能力
	实验实训能力	具有综合运用民航专业知识和仿真训练软件知识进行仿真实验和实训操作的能力
	工程实践能力	具备综合运用所学理论知识,分析并解决民航工程技术中出现的突出问题
创新能力	创新思维能力	思路开阔,具有创新意识
	创新实践能力	具有探索和实践意识及创新能力
	科研开发研究能力	掌握科研开发的基本技能,具备初步技术开发和研究能力
职业适应能力	专业能力	具有整合民航专业知识、技能和态度,以便解决问题的能力
	发展能力	学习能力、反思与创新能力,适应新发展的能力
	适应能力	人际交往、团队协作能力,善于沟通和组织能力

从表 5 - 1 可以看出:

(1)获取知识能力中的自学能力、文献检索能力和职业适应能力中的发展能力,要求学生具有自主学习的能力基础;

（2）获取知识能力中的表达能力、职业适应能力中的适应能力，要求学生具有沟通交流的能力基础；

（3）获取知识能力中的社交能力、职业适应能力中的适应能力，要求学生具有团队协作的能力基础；

（4）获取知识能力中的计算机及信息技术应用能力、应用知识能力中的实验实训能力、职业适应能力中的专业能力，要求学生具有运用现代工具的能力基础；

（5）获取知识能力中的计算机及信息技术应用能力，应用知识能力中的综合应用知识能力、实验实训能力、工程实践能力，创新能力中的科研开发研究能力、职业适应能力中的专业能力，要求学生具有学以致用的能力基础；

（6）创新能力中的创新思维能力、创新实践能力、科研开发研究能力和职业适应能力中的发展能力，要求学生具有开拓创新的能力基础。

因此，人才培养中要达到能力结构要求必须具有的能力基础有：自主学习、沟通交流、团队协作、运用现代工具、学以致用、开拓创新。

第四节　课程体系

课程是实现毕业要求的基本单元，课程能否有效支持相应毕业要求的达成是衡量课程体系是否满足认证标准要求的主要判据。专业的课程设置能够"支持"毕业要求的达成。所谓"支持"，包括两层含义：其一，整个课程体系能够支撑全部毕业要求，即在课程矩阵中，每项毕业要求指标点都有合适的课程支撑，并且对支撑关系能够进行合理的解释；其二，每门课程能够实现其在课程体系中的作用，即课程大纲中明确建立了课程目标与相关毕业要求指标点的对应关系，课程内容与教学方式能够有效实现课程目标，课程考核的方式、内容和评分标准能够针对课程目标设计，考核结果能够证明课程目标的达成情况。

合理的课程体系设计应以毕业要求为依据，确定课程体系结构，设计课程内容、教学方法和考核方式。要求企业或行业专家参与课程体系设计过程的目的是保证课程内容及时更新，与行业实际发展相适应。需要注意的是，通用标准的12项毕业要求中特别强调培养学生"解决复杂工程问题的能力"，而课程支持与否是该能力培养是否真正落实的重要判据，因此支持毕业要求的所有课程都应该将"解决复杂工程问题"的能力培养作为教学的背景目标,各类课程应各司其责,共同支撑该能力的达成。

课程体系中与本专业毕业要求相适应的数学与自然科学类课程至少占总学分的15%。符合本专业毕业要求的工程基础类课程、专业基础类课程与专业类课程至少占总学分的30%。工程基础类课程和专业基础类课程能体现数学和自然科学在本专业应用能力的培养,专业类课程能体现系统设计和实现能力的培养。工程实践与毕业设计(论文)至少占总学分的20%。设置完善的实践教学体系,并与企业合作,开展实习、实训,培养学生的实践能力和创新能力。毕业设计(论文)选题要结合本专业的工程实际问题,培养学生的工程意识、协作精神以及综合应用所学知识解决实际问题的能力。对毕业设计(论文)的指导和考核有企业或行业专家参与。人文社会科学类通识教育课程至少占总学分的15%,使学生在从事工程设计时能够考虑经济、环境、法律、伦理等各种制约因素。

一、本科生层次

课程体系是空管专业培养目标和毕业要求的重要实现方式,是培养方案的关键组成部分。在遵循高等教育基本要求的基础上,结合民航业发展对高素质专业人才的需要和国际民航业的发展趋势,为支持空管专业培养目标和毕业要求的达成,在广泛征求民航业专家意见的情况下,形成了强化基础、注重实践、科学合理的课程体系。

以中国民航大学为例,本科层次的交通运输专业在毕业时至少应取得158学分,其课程设置情况如下:

1.数学与自然科学类课程(28学分,占总学分17.7%)

高等数学10学分;运筹学3学分;线性代数2学分;物理实验3.5学分;普通物理6.5学分;概率论与数理统计3学分。

2.工程基础、专业基础、专业类课程(57学分,占总学分36.1%)

(1)工程基础类课程(17.5学分)。

大学计算机基础2学分;Python语言程序设计3学分;机器学习基础1.5学分;飞行原理3.5学分;交通工程学2学分;工程伦理学1学分;交通安全系统工程2学分;空管设备与系统1.5学分;智能交通系统1学分。

（2）专业基础课（20.5 学分）。

航空气象学 2.5 学分；飞机系统和发动机 2.5 学分；交通运输专业英语 3 学分；领航与导航 3 学分；航空情报服务与航图 2.5 学分；航空中人的因素 1 学分；空域规划 3 学分；走进民航 2 学分；民航法规 1 学分。

（3）专业类课程（19 学分）。

空中交通管制原理 2 学分；通用航空运行与保障 1 学分；管制规则与程序 2 学分；空中交通流量管理理论与应用（1.5）；空中交通管制安全原理 2 学分；航行新技术 1 学分；军航空管系统 1 学分；机场管制 1 学分；程序管制 1 学分；雷达管制 1.5 学分；专业选修课 5 学分。

3．工程实践与毕业设计（34 学分，占总学分 21.5%）

（1）工程实践（26 学分）。

空管数学建模与课程设计 1 学分；航空中人的因素实验 0.5 学分；陆空通话 CBT 2.5 学分；非常规无线电英语通话 2.5 学分；机场管制模拟训练 4 学分；程序管制模拟训练 4 学分；雷达管制模拟训练 4 学分；空中领航实践 1 学分；航空情报服务与航图实践 1.5 学分；空域规划课程设计 2 学分；航空气象实践 1 学分；交通运输生产实习 2 学分。

（2）毕业设计（论文）（8 学分）。

毕业设计（论文）8 学分。

4．人文社会科学类通识教育课程（39 学分，占总学分 24.7%）

中国近现代史纲要及实践 3 学分；形

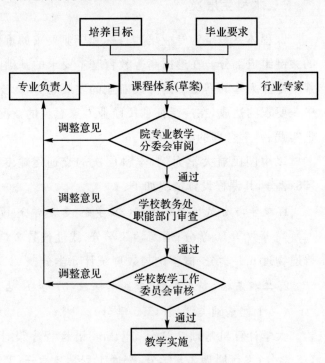

图 5-3　空管专业课程体系的调整机制

势与政策 2 学分;心理健康教育 2 学分;习近平新时代中国特色社会主义思想概论 2 学分;体育 4 学分;思想道德修养与法律基础及实践 3 学分;毛泽东思想和中国特色社会主义理论体系概论 5 学分;马克思主义基本原理概论及实践 3 学分;军训 2 学分;军事理论 2 学分;大学英语 6 学分;大学生健康教育 0.5 学分;人文通识类选修课 4.5 学分。

课程体系原则上随培养方案一起调整,以中国民航大学为例,依据空管专业的培养目标和毕业要求,由学院教学工作分委员会讨论落实专业课程体系的修订工作;根据教学工作分委员会的意见和民航业专家的建议,专业负责人组织有关教学骨干完成对课程体系的调整;学校教务处对专业的课程体系调整方案进行初审和微调,然后报学校教学工作委员会审批;具体空管专业课程体系的调动机制,如图 5-3 所示。

二、研究生层次

研究生层次的空管课程体系分为公共必修课,学科基础课、必修课、选修课,学科补修课,必修环节,等等。交通运输工程学术型硕士研究生课程体系见表 5-2,航空交通运输专业型硕士研究生课程体系见表 5-3。

(一)交通运输工程学术型硕士研究生课程体系

表 5-2　交通运输工程学术型硕士研究生课程体系

课程类别		课程名称	开课学期	学分	备注
必修课	公共必修课	新时代中国特色社会主义理论与实践	1	2	必修 8 学分
		自然辩证法概论(理工类选修)	2	1	
		马克思主义与社会科学方法论(文管类选修)	2	1	
		习近平新时代中国特色社会主义思想研修	1	1	
		英语Ⅰ	1	2	
		英语Ⅱ	2	2	

续表

课程类别		课程名称	开课学期	学分	备注
学科基础课	方向1:交通运输规划与管理	科技论文写作	1	1	
		随机过程	1	2	
		应用数理统计	1	2.5	
		交通运输工程学	1	1.5	
	方向2:交通信息工程及控制	科技论文写作	1	1	
		随机过程	1	2	
		矩阵论	1	2.5	
	方向3:空中交通规划与管理	科技论文写作	1	1	
		随机过程	1	2	
		矩阵论	1	2.5	
必修课 学科专业课	方向1:交通运输规划与管理	机场规划	1	2	不少于13学分
		航空运输规划理论与方法	1	1.5	
		最优化理论与方法	1	2	
		航空交通环境管理理论与技术	1	1.5	
	方向2:交通信息工程及控制	数据分析理论与方法	2	2	
		空中交通流量管理	2	2	
		系统控制基础	1	2	
		多目标规划	1	2	
		空中交通安全间隔理论	1	2	
		空管信息系统建模与分析	1	2	
		空域规划理论与方法	1	2	
		交通运输工程学	1	1.5	
	方向3:空中交通规划与管理	空中交通流量管理	2	2	
		多目标规划	1	2	
		空中交通安全间隔理论	1	2	
		空域规划理论与方法	1	2	
		交通运输工程学	1	1.5	

续表

课程类别		课程名称	开课学期	学分	备注
公共选修课		公共选修课包括研究生美育、人文素养、创新创业类等全校性综合素质能力培养类课程,每年秋季入学后公布			不少于1学分
必修课	学科选修课	方向1:交通运输规划与管理			
		机场环境适航与环境友好	2	2	
		机场运行仿真	2	1.5	
		机场建设与维护	2	1.5	
		复杂系统模拟导论	2	1	
		管制基础与机坪保障	2	1.5	
		航空冷链物流	2	2	
		航空物流概论	2	1.5	
		物流与供应链管理	2	1.5	
		跨境电子商务与航空快递	2	1.5	不少于6学分
		物流系统建模与仿真	2	1	
		国际物流运作	2	1.5	
		空港物流规划与管理	2	1.5	
		环境与民航绿色发展	3	2	
		航空交通智能网联技术	2	1	
	方向2:交通信息工程及控制	系统运行仿真分析	2	2	
		航空系统容量分析	2	2	
		空中交通管理自动化	2	1	
		机场运行管理	2	1.5	
		MATLAB智能算法与应用	2	2	
		空管设备与系统	2	2	

续表

课程类别		课程名称	开课学期	学分	备注
选修课	学科选修课 方向3:空中交通规划与管理	空管系统质量安全管理方法与应用	2	2	不少于6学分
		系统运行仿真分析	2	2	
		航空系统容量分析	2	2	
		空中交通管理自动化	2	1	
		空中交通安全系统工程	2	1.5	
		航线分析	2	1.5	
		MATLAB智能算法与应用	2	2	
		空管设备与系统	2	2	
		航行新技术	2	1.5	
		航空公司运营规划与管理	2	2	
专业补修课	方向1:交通运输规划与管理	机场运行指挥	1	2	
		民航货物运输(本科课)	2	2	
	方向2:交通信息工程及控制	民航概论	2	1.5	
		航行文献阅读	2	1.5	
		空中交通管理基础	1	1.5	
	方向3:空中交通规划与管理	民航概论	2	1.5	
		航行文献阅读	2	1.5	
		空中交通管理基础	1	1.5	
必修环节	科研活动	至少参加1项科研课题研究		2	
	学术活动	参加学术会议或学术报告至少10次、主讲1次学术报告、撰写1篇学科前沿报告或综述论文		1	
	实践活动	协助指导本科毕设、参加企事业单位实习实践、参加学科竞赛。		1	

研究生应进行科研、学术及实践活动,考核合格后获得4个学分。

1.科研活动(2学分)

理工类研究生必须至少参加1项科研课题研究,由课题负责人进行考核并写出评语,考核合格后获得 2 个学分。

2.学术活动(1 学分)

研究生在校期间须完成以下学术活动,由学院活动组织者或导师负责记录考核,考核合格后获得 1 个学分。应至少参加 10 次由学校或学院组织的学术报告或学术沙龙活动;应在一定范围内主讲 1 次学术报告;应撰写 1 篇学科前沿发展报告或综述论文。

学校鼓励研究生参加国内外高水平学术会议,研究生在国内外高水平学术会议上宣读学术论文者可直接获得学术活动的学分。

3.实践活动(1 学分)

研究生应参加实践活动,由导师或学院相关管理人员负责考核,考核合格后获得 1 个学分。主要形式有:辅导、协助指导本科生的实验和毕业论文等;深入社会基层从事与所学专业相关的技术指导、社会服务等;研究生各类社团活动、文体活动、志愿服务活动的组织、学科竞赛活动的组织和参与等。

学位论文是研究生培养的重要环节,是培养研究生从事科研工作能力的主要途径。研究生应在导师指导下独立完成学位论文。学位论文应能充分反映研究生已全面达到学术硕士研究生培养目标和学位要求所规定的各项要求。学位论文工作时间一般不少于 1 年。

(二)航空交通运输专业型硕士研究生课程体系

表 5-3　航空交通运输专业型硕士研究生课程体系

课程类别		课程名称	开课学期	学分	备注
必修课	公共必修课	新时代中国特色社会主义理论与实践	1	2	必修 9 学分
		自然辩证法概论(理工类选修)	2	1	
		马克思主义与社会科学方法论(文管类选修)	2	1	
		习近平新时代中国特色社会主义思想研修	1	1	
		英语Ⅰ	1	2	
		英语Ⅱ	2	2	
		工程伦理	1	1	

续表

课程类别			课程名称	开课学期	学分	备注
必修课	专业基础课	方向1:交通运输规划与管理	科技论文写作	1	1	不少于10学分
			数值分析	1	2.5	
		方向2:空中交通系统分析及控制	科技论文写作	1	1	
			数值分析	1	2.5	
	专业技术课	方向1:交通运输规划与管理	交通运输工程	1	1.5	
			系统工程学	1	2	
			最优化理论与方法	1	2	
			航空运输规划理论与方法	1	1.5	
		方向2:空中交通系统分析及控制	数据分析理论与方法	2	2	
			空中交通流量管理	2	2	
			空中交通安全间隔理论	1	2	
			空管信息系统建模与分析	1	2	
			空域规划理论与方法	1	2	
			交通运输工程学	1	1.5	
选修课	公共选修课		公共选修课包括研究生美育、人文素养、创新创业类等全校性综合素质能力培养类课程,每年秋季入学后公布。			不少于1学分
	专业选修课	方向1:交通运输规划与管理	机场环境适航与环境友好	2	2	不少于6学分
			管制基础与机坪保障	2	1.5	
			机场运行仿真	2	1.5	
			机场建设与维护	2	1.5	
			机场规划与设计	2	1	
			复杂系统模拟导论	2	1	
			航空冷链物流	2	2	

续表

课程类别			课程名称	开课学期	学分	备注
选修课	专业选修课	方向1:交通运输规划与管理	航空物流概论	2	1.5	不少于6学分
			物流与供应链管理	2	1.5	
			跨境电子商务与航空快递	2	1.5	
			物流系统建模与仿真	2	1	
			国际物流运作	2	1.5	
			空港物流规划与管理	2	1.5	
			环境与民航绿色发展	3	2	
			航空交通智能网联技术	2	1	
		方向2:交通信息工程及控制	系统运行仿真分析	2	2	
			航空系统容量分析	2	2	
			空中交通管理自动化	2	1	
			空中交通安全系统工程	2	1.5	
			航线分析	2	1.5	
			MATLAB智能算法与应用	2	2	
			航空公司运营规划与管理	2	2	
专业补修课(不计入总学分)	方向1:交通运输规划与管理		民航货物运输(本科课)	2	2	不超过4学分
			机场运行指挥	1	2	
	方向2:交通信息工程及控制		民航概论	2	1.5	
			航行文献阅读	2	1.5	
			空中交通管理基础	1	1.5	
必修环节	学术活动		参加学术报告、撰写学科前沿报告或综述论文	1		必修
	实践活动	校内实践	校内实践基地、实验室模块化专业实践		5	
		校外实践	校外实践基地、企事业单位专业技术实践			

专业学位硕士研究生应进行学术活动及专业实践,考核合格后获得6个学分。

1. 学术活动（1学分）

研究生在校期间须完成以下学术活动，由学院活动组织者或导师负责记录考核，考核合格后获得1个学分。应至少参加10次由学校或学院组织的学术报告或学术沙龙活动；应在一定范围内主讲1次学术报告；应撰写1篇学科前沿发展报告或综述论文。

学校鼓励研究生参加国内外高水平学术会议，研究生在国内外高水平学术会议上宣读学术论文者可直接获得学术活动的学分。

2. 专业实践（5学分）

各专业学位类别（领域）应参考相应教指委培养方案的指导性意见。专业实践是专业学位研究生获得实践经验，提高实践能力的重要环节。

工程类硕士专业学位研究生应开展专业实践，可采用集中实践和分段实践相结合的方式。具有2年及以上企业工作经历的工程类硕士专业学位研究生专业实践时间应不少于6个月，不具有2年企业工作经历的工程类硕士专业学位研究生专业实践时间应不少于1年。

学位论文研究工作是硕士专业学位研究生综合运用所学基础理论和专业知识，在一定实践经验基础上，掌握对工程实际问题研究能力的重要手段。研究生应在导师指导下独立完成学位论文。学位论文应能充分反映专业学位硕士研究生已全面达到培养目标和学位要求所规定的各项要求。学位论文工作时间一般不少于1年。

第五节　持续改进

空管学历教育要建立教学过程质量监控机制，各主要教学环节有明确的质量要求，定期开展课程体系设置和课程质量评价；建立毕业要求达成情况评价机制，定期开展毕业要求达成情况评价；尤其要关注两个机制的建立，即教学过程质量监控机制和毕业要求达成情况评价机制。这两个机制的核心是面向产出的课程体系合理性评价和课程质量评价。面向产出的课程质量评价是指评价应聚焦学生的学习结果，考核的内容必须与该课程支撑的毕业要求相匹配。课程评价是质量监控的核心，也是毕业要求达成评价的依据。课程评价的对象包括各类理论和实践课程，评价的目的是客观判定与毕业要求指标点相关的课程目标的达成情况。在课程评价的基础上，可以采用定性和定量相结合的方法对毕业要求达成进行评价。

毕业要求达成情况评价机制是检验和判断专业人才培养的"出口质量"是否达到预期质量标准（即毕业要求）的重要保障机制，也是专业"持续改进"的基本前提。毕业要求达成情况评价是通过收集和确定体现学生四年学习成果的相关评估数据（包括课程评价数据和学生表现评价数据），并对这些数据进行定性或定量的统计分析和结果解释后，对应届毕业生达成毕业要求的情况做出的评价。根据评价结果可以判断学生各项能力的长处和短板，为专业教学的持续改进提供依据。

空管学历教育要建立毕业生跟踪反馈机制，以及有高等教育系统以外有关各方参与的社会评价机制，对培养目标的达成情况进行定期分析。空管专业应针对培养目标，制度化地开展毕业生跟踪和对用人单位、行业组织等相关利益方的调查工作，并依据跟踪和调查所获得的信息对培养目标达成情况进行分析和评价，形成培养目标达成情况的总体判断。强调对培养目标的达成情况进行定期分析，即通过建立毕业生跟踪反馈机制和有关各方参与的社会评价机制，恰当使用直接和间接、定性和定量的手段，采用适当的抽样方法，定期确定和收集培养目标达成情况数据，以便对培养目标的达成情况进行分析。

空管学历教育实施过程中要能证明评价结果被用于持续改进。根据评价结果，如发现专业培养方案设计和课程教学实施过程中存在的问题，及时反馈给相关责任人，对专业培养目标、学生毕业要求、能力达成指标、课程体系设置、课程及教学过程、评估和评价机制等方面进行科学化、系统化、持续化的改进。

一、教学过程质量监控机制

教学是实现培养目标和毕业要求所必需的实施环节。优良的教学质量是培养目标良好达成的前提和重要保证，而教学质量的持续提高依赖于一套高效的教学质量监控机制。空管专业的教学质量监控机制主要包括：完善的教学管理机制、教学质量控制体系和培养效果的持续评估机制等。

（一）教学管理机制

教学管理是对教学工作全过程进行决策、计划、组织、指挥、调节、监督和评价,在学校管理中占有极其重要的地位。为了保证教学质量的持续提高,空管院校应制定比较完善的教学管理机制,如图 5-4 所示。

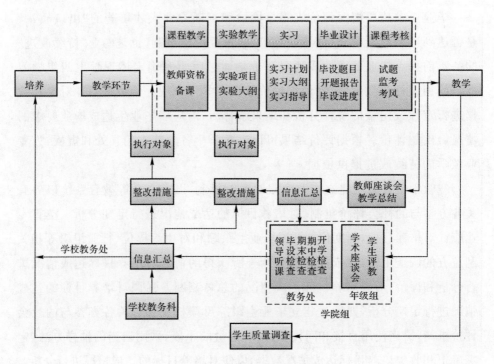

图 5-4 教学管理机制图

(二)教学质量控制体系

经过多年的探索与实践,结合高等教育规律和人才培养特点,空管教育从分析人才培养的环节出发,形成科学、规范、完整的教学管理规章制度体系,构建多形式、多参数、多层面、全过程的教学质量控制体系,明确了教育教学全过程以及各环节的主要质量监控点和质量标准,充分体现知识、能力、素质的统一,形成持续提高教育教学质量的机制。

空管教育院校应制定关于教师任课资格、本科专业设置、课程开发、教材选用与供应、教学实验室设置、实习教学基地建设等规章制度。教学计划、执行计划、教学大纲、教材、备课、课堂讲授、实验、实习、课程设计、毕业设计(论文)、作业、辅导答疑、考核是教学活动的主要环节,空管教育院校还应制定关于教学计划、课程建设、教材建设、教师本科教学、实验教学、本科学生实习、课程设计、毕业设计(论文)、课程考核等管理规章制度,作为各主要教学环节的质量标准。

教学质量监控是保证人才培养目标与实际教学质量动态适应的重要教学管理职能。空管教学质量监控体系主要包括：确定目标，建立质量标准，明确监控对象，收集、整理、分析与反馈信息，开展评估和调控等。

（三）培养效果的持续评估机制

教学是一个高度计划、严密组织的过程。人才培养目标的达成、毕业出口要求的实现以及课程目标的达成需要对这一过程进行持续的评估和改进。

1. 对培养目标达成的持续评估

持续培养评估应实施学分制管理，培养目标通过培养方案分学年逐步实现，凡在 3 年内修满本专业教学计划的各教学环节，并取得毕业所规定的最低学分，可申请提前毕业。学生在标准学制（4 年）内，未修满本专业教学计划所规定的最低学分，或自愿放慢学习进度的，可以申请延长学习年限，学生在册时间不得超过最长学习年限（6 年）。

在培养过程中，应每学期对学生的学习成绩进行检查，分析评估其学习过程的实际完成情况，每一学年都要对学生的培养阶段目标的达成进行一个初步评估，与该阶段培养目标要求进行比对分析，及时找出问题，提出整改措施，保证学生达到该阶段的培养目标。通过每学年的分阶段评估，使学生在规定的学业期限内最终达到培养目标的要求。

2. 建立毕业生出口要求评估的持续机制

持续机制对培养目标评估也应用于对毕业生出口要求的评估。有两个重点需要关注，一是动态跟踪分析，学校教务处及学院教务科主要通过审核学生学习成绩，并进行动态分析，做好学业警告工作，同时对学生进行毕业审核，保证毕业出口各项能力的实现；二是学籍管理工作，在学籍管理方面，空管院校可以制定一系列管理文件，用来审核学生各项能力是否达到毕业要求，从而有效地对本专业出口要求的评估给予制度保证。

3. 持续机制对课程目标达成的评价和改进

学生培养目标的实现和毕业出口能力的达成主要是通过学生在学校的课程学习来实现的。持续机制对学生所学各门课程的目标达成状况都可进行评价。

二、培养效果反馈机制

为了更好地促进学生培养目标的达成,在教学过程质量监控机制的基础上,学校和学院应建立社会评价机制和毕业生跟踪反馈机制,如图 5-5 所示。

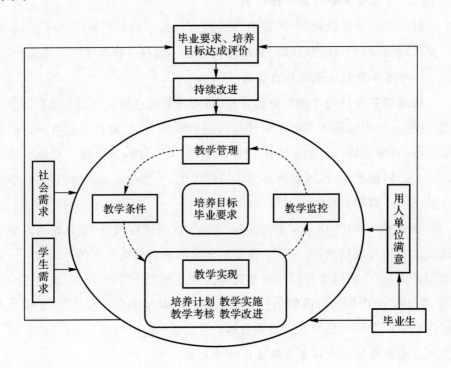

图 5-5　培养效果反馈机制图

三、持续改进机制

空管教育院校每 3～5 年制定一次专业建设规划。根据空管专业建设规划,学院负责制定空管专业的具体建设计划,并负责组织实施。专业建设的主要内容包括培养方案修订、培养目标调整、师资队伍建设、课程建设、教材编写出版、教学研究与改革、实验室与实习基地建设、图书资料建设等。在专业建设过程中,所积累的教学文件都做到适时归档,全员全程持续改进机制,如图 5-6 所示。

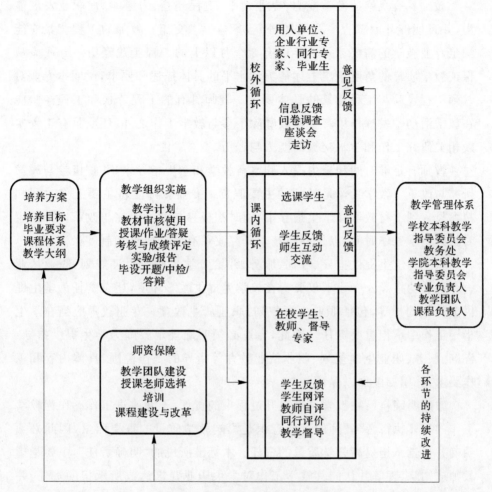

图 5-6 全员全程持续改进机制

第六节 师资队伍

空管学历教育要求教师数量能满足教学需要,结构合理,并有企业或行业专家作为兼职教师。教师的数量是否满足教学需要,主要从在校学生数量、开设课程以及实践教学环节等方面进行评判。师资队伍结构的合理性,主要从年龄结构、职称结构、学历结构、专业结构等方面进行评判。工程类专业教育,应有企业或行业专家作为兼职教师参与教学,并能够发挥行业背景的优势和作用。

　　教师具有足够的教学能力、专业水平、工程经验、沟通能力、职业发展能力,并且能够开展工程实践问题研究,参与学术交流。教师的工程背景应能满足专业教学的需要。每3年应有3个月以上的工程实践经历。专业应从保证教学质量的角度给出上述能力和水平的具体描述和要求,说明本专业对教师工程经验与工程背景的具体要求。教师具有的工程背景和工程经验应在教学活动中发挥作用。专业教师除了参与教学工作之外,还应具有工程实践相关研究工作和学术交流的能力与经历。

　　教师有足够时间和精力投入到本科教学和学生指导中,并积极参与教学研究与改革。教学工作是教师的主要职责。专业教师应将主要工作时间和精力投入到本科教学和学生指导中,同时积极参与教学研究与改革。专业应对教师教学工作时间,以及参与教学研究改革有明确要求和制度保证。

　　教师为学生提供指导、咨询、服务,并给予学生职业生涯规划、职业从业教育足够的指导。专业不仅要为在校学生提供教学环境,还有责任为学生提供全方位的指导,包括职业生涯规划、职业从业教育。专业教师应当在学生指导工作中承担重要责任。因此,专业必须明确规定教师为学生提供指导、咨询、服务、职业生涯规划、职业从业教育等指导的工作范围、具体内容和工作要求,并用制度加以保证。

　　教师明确自己在教学质量提升过程中的责任,不断改进工作。作为教学工作的具体执行者,教师的责任意识是影响教学质量的重要因素,因此必须明确并自觉承担提高教学质量的责任。本标准所说的"明确责任",主要是指教师应知晓、理解并认同其教学工作对学生毕业要求达成所承担的责任,并自觉改进教学工作,履行责任。

　　以中国民航大学为例,空管专业一直坚持引进和培养相结合,校内专任教师、企业(部队)专任教师、企业(部队)兼职教师相结合的方式加强师资队伍建设,积极聘请一线空管专家承担教学任务,教师数量快速增长,师生比合理。

1. 师资队伍结构

　　空管院校随着招生规模不断扩大,为保证教学质量,应及时引进任教专任教师,使师资队伍数量稳步增长。根据人才培养的目标定位和空管专业特点,空管院校通过聘请国内外空管资深教员,担任企业专任教师、企业兼职教师的方式,建立一支实践经验丰富、相对稳定的外聘教师队伍,体现空管教育对工程能力和英语应用能力的要求;通过不断深化人事分配制度改革,建立关键岗、重点岗、基础岗,并建立各层次的教师奖励制度,不断完善教师全员全程激励机制,促使优秀中青年骨干教师脱颖而出,保证了师资的合理配置。

2.教师能力培养

空管院校通过制定空管专业师资培养计划,采用引进与自主培养相结合、校内学习与岗位实践相结合、国内培养与国外培训相结合的教师培养路径,参考教师的个性特征、兼顾发展需求,对教师进行个性化培养。通过学校培养,教师教学能力大幅提升,专业水平更加精湛,工程经验日趋丰富,职业发展能力不断增强。

从事课程教学的主讲教师,均通过资质关、专业学习考核关、助课关、试讲关并接受持续培训。资质关,指所有新进教师均参加高校师资培训中心主办的教育理论培训班,通过考核;并具备申请高校教师资格的条件。专业学习考核关,指所有非交通运输专业新进教师均参加该专业的系统化学习,学习成绩排名在班级前20%,即为合格。助课关,指上新课和新上课教师完成专业学习和实习后,根据所属课程组安排,担任资深主讲教师助教,实施主讲教师负责制。试讲关,指上新课和新上课教师在开课前必须通过试讲程序,经评议小组评议合格后方可正式授课。教学能力持续培训,为了提高教学水平,要求教师定期参加观摩教学或专题培训,由具有丰富教学经验的教师进行教学方法、教学艺术、课堂组织等方面的指导。

空管专业鼓励教师参与课程建设、专业建设和科研工作;鼓励教师将新的研究成果渗透到专业教学中,持续保持教学内容的新颖性和先进性,促进教学水平的整体提高;鼓励教师将教学与科研有效融合,充分利用科研优势,带动教师队伍建设和教学内容改革,并开展围绕教学的科研创新活动。

特色专业的教师都应具有深厚的行业背景和行业情怀,应熟悉行业的生产实际和操作流程,了解生产一线和科学技术的前沿问题。专业教师的工程经验在专业技能、英语水平和工程应用水平等方面得到体现。空管院校应培养"双师型"教师,鼓励教师考取行业执照。中国民航大学在校企合作方面成效显著,以民航特色师资建设为目标,培育了一批专兼结合的优势师资队伍。多年来,中国民航大学与民航局建立了良好的人才培养合作机制,2018年签署的《人才培养合作框架协议》进一步将校企师资共建制度化和规范化。专任教师行业执照持有率达60%以上,每年企业教师来校授课超过60人次。

3.教师教学工作

作为"特色专业建设点",空管教育承担着航空特有专业人才的培养工作,对学生培养质量有着很高的要求。为此,空管院校应当对不同层次、不同类别教师制定相应的教学工作量要求,对资深教授承担本科基础课程教学工作有明确要求,对教师开设新课程有鼓励政策,从而确保教师有足够的时间和精力进行本科教学和学生指导,并投身于教学研究与改革。

4.教师对学生的指导职责

空管专业采用多种方式、多种渠道为学生提供行业培训和学业、生活、就业指导,对学生职业生涯规划和职业从业教育提供足够的指导。

空管专业的大部分教师作为本科生导师参与学生指导;聘请岗位教师,定期为学生举办职业生涯规划和职业从业教育指导讲座,同时兼职教师通过授课中的言传身教,将岗位对从业人员的知识、能力、作风、品质等方面的要求传递给学生;经常邀请一线业务骨干进行民航领域最新技术、新程序、新方法的讲解,同时为学生举行职业生涯规划和职业从业教育指导讲座,组织一线业务骨干与学生进行面对面的业务交流;邀请国外行业教育培训机构为学生进行空管领域先进技术的培训;为拓展学生的知识面及专业视角,积极创造机会为学生进行有针对性的培训和指导。

5.教师教学质量的提升机制

教学质量的高低直接决定着人才培养质量的好坏。空管院校认真贯彻落实教育部"质量工程",同时结合新修订的交通运输专业人才培养方案,以课堂教学为切入点,开展课堂教学研讨、教学基本功竞赛等系列活动,强化广大教师课堂教学质量意识,规范课堂教学行为,优化课堂教学环节,更新教学内容,改进课堂教学方法和多媒体教学手段应用技能,做到教研内容具体化,教研形式多样化,教研成果实效化,以教研促教学,切实提高教学效率和教学质量。

第七节 支 持 条 件

空管学历教育,学生要达到毕业要求,空管院校需要提供以下支持条件。

第一,空管学历教育的教室、实验室及设备在数量和功能上满足教学需要,有良好的管理、维护和更新机制,使得学生能够方便地使用;与企业合作共建实习和实训基地,在教学过程中为学生提供参与工程实践的平台。教学设施:①数量和功能上能满足专业课程教学和实践育人的需要;②有良好的管理、维护和更新机制,保证教学设施的运行状态,更新频率和管理模式能够方便学生使用;③有与企业合作共建的实习和实训基地,基地的条件设施和教学内容能够为学生提供真实的工程实践的平台;④在教学要求、人员配备、安全管理等方面满足标准。

第二,计算机、网络以及图书资料资源能够满足学生的学习以及教师的日常教学和科研所需;资源管理规范,共享程度高。要求这些公共资源:①数量充足,种类丰富,信息化程度高,方便师生使用;②能够满足学生的学习需求,支撑学生达成相关毕业要求(如获取信息、现代工具、创新活动、自主学习、国际视野等);③能满足教师教学科研需求,支持教学改革和教师职业发展;④资源管理规范,共享程度和使用效率高。

第三,教学经费有保证,总量能满足教学需要。要求教学经费的投入:①有投入标准和制度保证;②日常教学经费的总量满足教学运行需求,包括实验设备维护与更新费、生均实验、实习和毕业设计费等;③专项经费的投入有助于专业持续改进,包括教改,实验室建设、师资培训等。

第四,学校能够有效地支持教师队伍建设,吸引与稳定合格的教师,并支持教师本身的专业发展,包括对青年教师的指导和培养。要求学校:①要建立吸引优秀教师,保证师资队伍的稳定,促进教师的职业发展,帮助青年教师成长的制度性机制与措施;②政策措施制度要切实、有效;③政策措施制度要明确、公开。

学校能够提供达成毕业要求所必需的基础设施,包括为学生的实践活动、创新活动提供有效支持。上述必要基础设施包括,适宜的学习生活环境,完善的文体设施,良好的开展课外活动、社会实践、创新实践的平台条件等。

学校的教学管理与服务规范,要求学校的教学管理与服务能支持专业教学质量的持续改进,能支持全体学生毕业要求的达成。管理与服务规范要求既有制度文件规定,也能有效执行文件取得效果。

长期以来,空管专业始终坚持以教学工作为核心,按照"教学工作是经费投入的中心"的原则,优先保证本科教学基本建设和日常教学工作经费的投入,不断改善教学条件,并从管理入手不断提高资源利用率。

1. 实验室状况

实验室作为教学实施的重要场所,是开展教学工作的最基本支持条件。为人才培养提供有力保障,使空管学员拥有较为完备的实验室资源,需建立多个综合实验室,包括程序管制、雷达管制、机场管制、飞行模拟、人为因素、流量管理仿真、图像处理和动画制作、空管数据库与管制技术评估、空域规划与技术评估、空管自动相关监视等实验室。这些实验室在数量和功能方面应能满足实践课程的教学需要,并通过合理安排教学计划,延长实验室开放时间等办法,充分利用实验室现有资源。

2. 教室管理

教室是教学活动的基本场所,是重要的教学资源,一个空管教学机构应拥有普通教室、绘图和制图教室、多媒体教室、语音室、CBT 教室、计算机房等各类功能教室,配备齐全,功能先进,能满足各类教学需要。而且为保证教室的科学管理和充分使用,提高教学服务质量,学校规定由学校教务处统一对教室使用进行分配,任何单位与个人未经批准不得随意使用教室。

3. 教学经费

空管教育机构应不断采取措施,加大对本专业教学经费的投入力度,优先保障教学软硬件的购置及教学条件和教学环境的改善。另外,学校应每年投入一定的经费用于教材编写、课件开发、新课程开发等课程建设活动,以及教学研究与教学改革的立项和奖励。

教学经费由空管教育机构统一管理,教学建设项目落实到人,经费额度到人,报销时需经过严格的审批手续。重大教学建设项目必须经过立项申报、论证、审批、拨款、经费使用检查、结题报告(含经费使用情况报告)等程序。实验室与教学建设项目费用由项目负责人和分管领导管理。学校定期对教学经费使用情况进行检查,保证使用合理。

第八节　军航空管学历教育

军民航空管教育所涉及的政治理论、思想道德、专业学科教育和空管业务知识技能训练具有整体同一性,由于军航使命任务的不同,军航空管教育对军事技能方面有着特殊要求。

一、军航管制员选拔

军航管制员的选拔来源,一是高中应届毕业生,二是飞行学员中不适合飞行而改学航空管制专业的停飞学员。通过基础学习、专业培养、岗位锻炼,他们将成为航空管制领域的骨干管制员。

二、培养目标

目前,国内民航管制学员采用学分制培养模式,实行严格管理。军航采用学年制体制,管理模式与民航不同,实行军事化管理。军民航管制员在教育培养上根据各自的职能任务虽各有侧重,但军民航共同管理天空中的涉空活动,在空管职能使命上有着相同的方面。《中华人民共和国飞行基本规则》第29条明确了飞行管制的基本任务,一是监督航空器严格按照批准的计划飞行,维护飞行秩序,禁止未经批准的航空器擅自飞行;二是禁止未经批准的航空器飞入空中禁区或者飞出、飞入国(边)境;三是防止航空器与航空器、航空器与地面障碍物相撞;四是防止地面对空兵器或者对空装置误射航空器。但由于职能任务的差异,民航空管主要强调的是提供管制服务,在管制过程中,对航空器之间的间隔及航空器与障碍物之间的安全余度进行监控,尽量使飞行便利并达到最佳经济效益。空军空管不仅注重提供管制服务,还注重监控空中动态,识别空中目标,维护国家领空安全和尊严,指挥过程中更加强调管制员的临机调配和临机处置能力。

军航管制员所在院校的培养目标,首先是满足第一任职岗位所需要的基本知识和基本技能,其次考虑管制员后续成长所需要的理论知识。总体上学员通过学习应当具备熟练的专业技能,熟悉空中交通管制业务、飞行情报业务,具备良好的沟通能力、协调能力、语言表达能力等,具备特殊时期特定空域涉空活动的空管保障能力。

三、军航特色课程

军航空管系统人才成长第一阶段(即空管基础教育阶段)为"2+2"生长干部学历教育培训(指2年的学历基础教育和2年的学历职业教育,总学制4年)。

"2+2"生长干部,其前2年的学历基础教育,由于身份的特殊性,其在接受普通教育课程学习外,还要学习军事院校的特色课程,包括:军人思想道德修养与法律基础、军人心理学、军事思想、游泳等相关课程。后2年的专业教育重在打牢空管专业的基础理论和基本专业技能,与民航空管专业教育内容基本一致,包括《航空气象》《雷达管制》《程序管制》等。

军民航空管教育内容体系见表 5-4。

表 5-4 空管教育内容体系基本构成

共性教育课程	军航特殊教育课程
《马克思主义基本原理概论与实践》	
《中国近现代史纲要及实践》	
《思想道德修养与法律基础及实践》	
《毛泽东思想和中国特色社会主义理论体系概论》《高等数学》《大学物理》	
《线性代数》《概率论和数理统计》	《军人思想道德修养与法律基础》
《大学英语》《计算机语言》《空中交通系统优化与管理》	《军队基层政治工作》
	《军人心理学》
《系统分析及控制》《运筹学》	《当代世界经济与政治》
《空中交通安全分析与管理》	《人民军队历史与优良传统》
《空气动力学》《航空气象》《民航概论》《飞机系统》《领航与导航》《空域规划》《通信与监视技术》《航空情报服务》《飞机性能工程》《管制规则与程序》《空管技术与方法》《空管案例分析》	《轻武器射击》
	《军事地形学》
	《军事体育》
	《地面防卫基础》
《航空公司运行管理》《航空客货运输》	《领导管理》
《飞行计划》	《空军战役基础》
《现场运行管理》《机场运行规划与评估》《航空公司运行案例分析》	《空战场管控》
《陆空通话 CBT》《非常规无线电英语通话》《航空中人的因素》《机场管制》《机场管制模拟训练》	
《雷达管制》《雷达管制模拟训练》	
《程序管制》《程序管制模拟训练》	

四、师资队伍

军航空管教育师资队伍是教学科研的核心和根本,始终受到各级各部门的高度重视。军航空管院校长期致力于打造年龄结构和学缘结构合理、科研能力强、教学水平高的教师团队,通过地方科研院所院校引进、高层次人才引进、博士留校、部队选调等多种渠道充实师资队伍。军航空管教师要求具有博士学历,有一定的学术科研能力,或具有硕士学历和丰富的一线工作经验。专业教师经过一定时间的岗位锻炼后应取得相应的管制执照,采取多种方式育人才,与一线骨干人员、科研院所人员共同编写教材,同在课堂施教。

第六章 空管非学历教育设计与实施

第一节 民航空管非学历教育概况

"学历教育"是根据国家教育部下达的招生计划录取学生,按教育主管部门认可的教学计划实施教学,学生完成学业后,由学校颁发国家统一印制的毕业证书和学位证书。与之相对的"非学历教育"是指各种培训、进修,完成学业后,由培训部门颁发相应结业证书。目前,中国管制员的教育形式有学历教育和非学历教育。

中国民航空管系统(简称空管系统)现行行业管理体制为中国民用航空局空中交通管理局(简称民航局空管局)、地区空管局、空管分局(站)三级管理。民航局空管局是民航局管理全国空中交通服务、民用航空通信、导航、监视、航空气象、航空情报的职能机构;华北、东北、华东、中南、西南、西北、新疆七大地区空管局为民航局空管局所属的事业单位,其机构规格相当于行政副司局级,实行企业化管理;目前,七大地区空管局均成立了空中交通管理中心,对塔台、进近、区域、流量管理、安全保障、技术保障部门实行统一管理,空中交通管理中心为副厅局级建制;空管分局(站)包括驻省会城市(直辖市)的 23 个空管分局和 14 个空管站(其他城市)。空管系统三级管理机构设置具体如图 6-1 所示,民航局空管局下设机构见表 6-1。

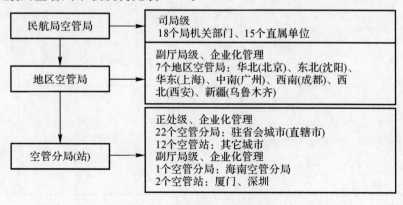

图 6-1 空管系统三级管理体系

表 6 - 1 民航局空管局下设机构

民航局空管局							
地区空管局	华北	东北	华东	中南	西南	西北	新疆
空管分局(站)	天津空管分局	黑龙江空管分局	山东空管分局	河南空管分局	云南空管分局	甘肃空管分局	阿克苏空管站
	河北空管分局	吉林空管分局	安徽空管分局	湖北空管分局	贵州空管分局	青海空管分局	
	山西空管分局	大连空管站	江苏空管分局	湖南空管分局	重庆空管分局	宁夏空管分局	
	内蒙古空管分局		浙江空管分局	广西空管分局			
	呼伦贝尔空管站		江西空管分局	海南空管分局			
			福建空管分局	深圳空管站			
			厦门空管站	珠海空管站			
			青岛空管站	桂林空管站			
			宁波空管站	汕头空管站			
			温州空管站	湛江空管站			
				三亚空管站			
				珠海进近管制中心			

一、空管系统非学历教育

非学历教育包括空管基础教育（培训）和空管岗位教育（培训）。

空管基础专业教育（培训）是为了使受训人了解掌握从事管制工作的基本知识和基本技能而进行的培训，是进入岗位培训和获得管制员执照的前提条件。空管基础专业培训的形式不同于空管学历教育，通常采用"管制＋1"的形式，取得符合管制工作要求本科学历以后，通过面试考核，可以参加为期1年的"＋1"培训，培训合格后，可以参加管制单位的招聘，符合管制单位招聘要求后，也可以进入管制单位工作。管制基础专业培训是弥补管制单位人员不足，对管制学历教育形式的一种有效补充。

空管岗位教育（培训）是使受训人获得在空中交通管制岗位工作的能力与资格。受训人完成管制基础专业培训后，方可参加岗位培训。空管岗位培训是进入到空管单位而进行的在岗管制教育。空管岗位培训形式多样，都是满足行业工作需求、保证空管安全的有效教育形式，空管岗位培训形式与内容伴随空管系统不断的发展而进行相应的调整与改进。

二、空管系统非学历教育机构

目前能够开展管制基础专业培训的机构有中国民航大学、南京航空航天大学、中国民用航空飞行学院三所院校以及两个中国民航局特殊批准的试点单位——西北空管局培训中心和东北空管局培训中心。

岗位教育（培训）主要依托七大空管局培训中心、三所民航高校、试点单位等部门开展教育（培训）工作。

三、非空管系统管制员岗位教育

近年来，随着民航业的快速发展，中小机场的航班量增长明显，空管保障压力"水涨船高"，对管制人员的要求也提高了。民航局提出要坚持"空管办管行业，空管局管系统"的工作原则，空管局要将中小机场空管人员培训工作纳入各地区空管局培训系统，各地区空管局要充分发挥对中小机场空管开展培训工作的优势和作用，探索建立一套中小机场空管人员培训机制，切实提升空管人员的技能水平。

目前我国中小机场管制员，行政上隶属地方机场，不属于空管系统，业务上接受地区级民航安全监督管理局管理，中小机场管制员的岗位教育（培训）有委托空管系统、第三方机构等形式进行开展。例如浙江省机场集团在杭州市建德市航空小镇建设的浙江航空产学研基地,是华东地区除空中交通管理局外唯——家被民航局许可的管制员培训单位,主要面向华东地区中小机场管制学员,培训对象不仅包括新入职管制员,通过初训取得上岗资质,还包括在岗管制员,通过复训取得民航局对管制执照的签注。鄂尔多斯机场建成了国内中小机场首家空管模拟机对外培训中心。截至 2021 年 3 月,除鄂尔多斯主培训基地外,鄂尔多斯机场还分别与青岛空管站、遵义机场、安庆机场合作,设置了三处分基地,现有雷达(程序)管制模拟机 16 台,塔台(进近)视景模拟机 3 台,程序管制模拟机教员 10 人,共培训管制员 2 000 余人次,涉及东北、华北、新疆、中南、西南、华东地区共近 90 个机场。

第二节　民航空管非学历教育类型

空管非学历教育按照时间阶段可以划分为基础教育(培训)和岗位教育(培训)。

管制基础专业培训是为了使受训人了解掌握从事管制工作的基本知识和基本技能而进行的培训,是进入岗位培训和获得管制员执照的前提条件。

岗位培训的目的是使受训人获得在空中交通管制岗位工作的能力与资格。受训人完成管制基础专业培训后,方可参加岗位培训。

目前,空管基础教育(培训)主要通过本科养成教育和"管制＋1"(4＋1)两个途径来完成。

随着我国民航业的快速发展,自 2017 年开始,管制基础培训需求成倍增长,人员基础能力要求差异化特征增强,民航局依托空管系统,相继在西北空管局培训中心和东北空管局培训中心开展了支线机场和空管系统"管制＋1"培训试点。

空管非学历教育的主要类型见表 6-2。

表 6-2　空管非学历教育的类型

空管非学历教育类型划分	序号	名称	开展空管非学历教育(培训)机构
空管基础教育(培训)	1	"管制＋1"	中国民航大学 南京航空航天大学民航学院 中国民用航空飞行学院 西北空管局培训中心 东北空管局培训中心

续表

空管非学历教育类型划分	序号	名称	开展空管非学历教育(培训)机构
岗位教育(培训)	1	资格培训	一线管制运行单位
	2	设备培训	
	3	熟练培训	
	4	复习培训	
	5	附加培训	
	6	补习培训	
	7	追加培训	
	8	教员岗位培训	
	9	带班主任岗位培训	
	10	监察员培训	民航局空管办、地区管理局的各专业职能部门或者由其委托的机构:中国民用航空飞行学院-中国民航监察员培训学院
	11	检查员培训	民航局空中交通管理局
	12	管制员英语培训	民航局空管办、地区管理局的各专业职能部门或者由其委托的机构组织
	13	ICAO英语考官培训	中国民用航空飞行学院

第三节 民航空管非学历教育机构资质要求

空管非学历教育是相较于空管学历教育而言,泛指民航高校或者管制机构在学历教育之外面向社会举办的,以提升受教育者管制素质、职业技能,满足管制单位从业要求为目的各类培训。目前我国空管非学历教育的参与主体包括民航院校和管制机构的培训中心、第三方机构等部门。

一、基础培训机构资质要求

为规范民用航空空中交通管制人员培训工作,加强民用航空空中交通管制培训工作的管理,根据《中华人民共和国民用航空法》和《中华人民共和国飞行基本规则》,结合空中交通管制工作的实际情况,中国民用航空局于2012年2月14日下发了《民用航空空中交通管制培训管理规则》(CCAR-70TM-R1),自2012年7月1日起施行。此管理规则适用于从事民用航空空中交通管制工作以及空中交通管制培训工作的专业人员和机构。各民用航空空中交通管制单位(以下简称管制单位)和民用航空空中交通管制培训机构(以下简称管制培训机构)应当根据本规则,结合实际情况和需要,制定相应的培训、管理实施办法。

管制培训机构是指符合条件的担任基础培训的空管院校及其他空中交通管制培训机构。

管制培训大纲由民航局统一制定。各管制单位和管制培训机构应当根据民航局制定的管制培训大纲并结合培训的具体类别和内容,制定培训计划并组织实施。

《民用航空空中交通管制培训管理规则》中,对于承担基础培训的民航高校或者管制机构资质方面提出了具体要求,主要包括以下8个方面:①管制培训机构资质;②基础培训教员的基本要求;③基础培训教员聘任和管理;④基础培训教员职责;⑤基础培训教员权利;⑥开展基础培训要求;⑦基础培训合格证颁发、内容、备案;⑧基础培训合格证培训记录。民航高校或者管制机构需满足空管局的要求,方可开展空管基础培训。承担基础培训民航高校或者管制机构资质相关要求,如图6-3所示。

该规则对民航高校或管制机构的基础培训资质要求主要内容包括以下8个方面。

1.管制培训机构应当由民航局指定并符合下列条件:

(1)具有健全的培训管理制度,包括学员管理制度、教员管理制度、教学管理和考核制度、教学设施设备管理制度和档案管理制度;

(2)具有与开展培训种类和规模相适应的专职管理人员和教学人员;

(3)具有固定的、满足开展培训种类和规模要求的场地和设施;

（4）具有与开展培训种类和规模相适应的教学及模拟设备；

（5）具有符合培训大纲要求的管制培训教材；

（6）具有有效的管制培训质量管理制度。

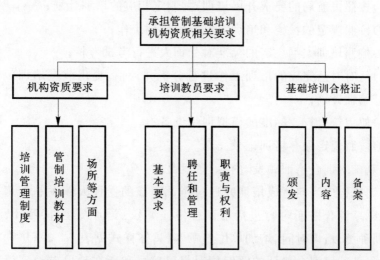

图 6-3　承担基础培训民航高校或管制机构资质相关要求

2.从事基础培训的管制教员应当符合下列条件：

（1）爱岗敬业，责任心强，乐于教学，对受训人的表现评价客观、公正；

（2）善于总结、概括空管知识与技能，有良好的沟通、组织、协调和语言表达能力；

（3）具备理论和模拟机教学的技巧和能力；

（4）持有民用航空空中交通管制员执照；

（5）在管制岗位工作或者在管制培训岗位辅助工作1年以上。

3.基础培训教员由管制培训机构统一聘任、管理。管制培训机构应当及时将教员聘任情况报民航局和所在地民航地区管理局备案。

4.基础培训教员的职责如下：

（1）按照教学大纲进行培训并对教学质量负责；

（2）将培训种类所需要的管制知识、技能传授给受训人；

（3）适时对受训人进行评价，指出不足并提出改进意见；

（4）每次教学活动结束后，填写教学记录；

（5）对教学效果进行分析、研究，提出改进教学的意见。

5.基础培训教员的权利如下：

（1）根据培训情况向培训机构提出培训建议；

（2）参加培训机构组织的提高培训；

（3）根据受训人培训情况作出通过、暂停、终止其培训的决定。

6.开展基础培训应当符合以下规定：

（1）按照民航局的要求开展培训，并制定相应的培训计划；

（2）按照规定的种类和培训大纲开展培训工作；

（3）按照培训大纲规定的标准对受训人进行考试考核；

（4）适时对已完成的培训工作进行分析并评估，提出改进培训工作的意见，修订培训计划；

（5）使用符合行业标准的模拟训练设备；

（6）按照规定保存培训记录。

7.基础培训合格证颁发、内容、备案要求：

培训机构应当向完成培训并通过考试考核的受训人颁发基础培训合格证。基础培训合格证内容包括培训合格证编号、受训人姓名、照片、身份证号、培训种类、培训时间、培训单位签章等（具体样式见表6-3）；培训机构应当及时将基础培训合格证的颁发情况报民航局和所在地民航地区管理局备案。基础培训合格证颁发情况应便于民航地区管理局和管制单位查询。

8.基础培训合格证培训记录要求：

完成培训后，培训机构应当妥善保存基础培训记录。基础培训的培训种类，教学计划，培训时间，教员名单，受训人名单，受训人的培训、考试、考核、评价等记录以及颁证情况等记录应当永久保存。

表6-3 民用航空空中交通管制基础培训合格证

民用航空空中交通管制基础培训合格证

编　号：		二寸免冠照片 （加盖管制培训机构骑缝章）
姓　名：		
身份证号：		

　（姓名）于＿＿＿年＿＿＿月＿＿＿日至＿＿＿年＿＿＿月＿＿＿日，在（培训机构），参加了（培训类别）培训。

经考核，培训合格，现予颁发民用航空空中交通管制基础培训合格证。

　　　　　　　　　　　　　　　　　　　　　　　　　年　月　日

　　填表说明：合格证编号中由两位培训机构代号、两位培训种类代号、四位年度号和四位顺序号构成。培训机构代号和培训种类代号由民航局空管行业管理办公室确定。

二、岗位培训机构资质要求

与基础培训类似,目前我国管制岗位培训参与主体包括民航院校和管制机构的培训中心。管制岗位培训大纲由民航局统一制定。各管制单位和管制培训机构应当根据民航局制定的《民用航空空中交通管制培训管理规则》制定培训计划并组织实施。

《民用航空空中交通管制培训管理规则》中,对于承担岗位培训的民航高校或者管制机构资质方面提出了具体要求,主要包括 11 个方面:管制培训机构资质;岗位培训教员的基本要求;岗位培训教员聘任和管理;模拟机培训的模拟机岗位培训教员能力要求;岗位培训教员职责;岗位培训教员权利;受训人要求;开展岗位培训要求;培训计划编写;培训过程评估;培训记录保存等。民航高校或者管制机构需满足空管局的要求,方可开展空管岗位培训。承担岗位培训民航高校或管制机构资质相关要求,如图 6-4 所示。

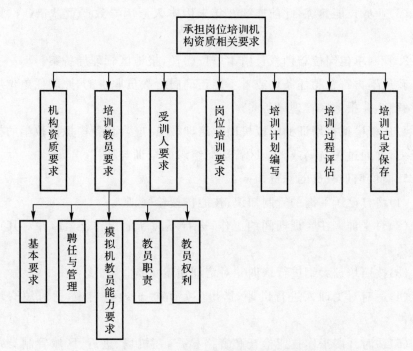

图 6-4 承担岗位培训民航高校或管制机构资质相关要求

岗位培训机构资质要求主要内容包括以下 11 个方面。

1.管制单位开展岗位培训应当具备以下条件:

(1)具有健全的培训管理制度,包括受训人管理制度、岗位培训教员管理制度、培训管理和考核制度、质量管理制度、培训设施设备管理制度和培训记录管理制度;

(2)有指定的部门或者人员负责本管制单位的岗位培训工作;

(3)具有与开展岗位培训种类和受训人数相适应的岗位培训教员;

(4)具有满足开展岗位培训种类和规模要求的场地、设施、设备;

(5)具有符合培训大纲要求的岗位培训材料。

2.岗位培训教员应当符合下列条件:

(1)爱岗敬业,责任心强,能够客观地对受训人的表现作出评价;

(2)持有有效空中交通管制员执照,具有 5 年以上空中交通管制工作经历;

(3)在教学内容相关的管制岗位工作 2 年以上;

(4)有良好的组织、协调和语言表达能力;

(5)业务技能熟练,此前连续 3 年未因本人原因导致严重差错(含)以上事件。

3.管制单位岗位培训教员由本单位聘任,报地区管理局备案。

教员不再符合聘任条件或者不能正确履行教员职责的,原聘任单位应当及时解聘,并报地区管理局备案。

4.从事模拟机培训的模拟机岗位培训教员,应当具备模拟机教学的技巧和能力,并通过民航局或者地区管理局组织的培训与考核。

5.岗位培训教员的职责如下:

(1)将自己所掌握的管制知识、技能传授给受训人;

(2)对受训人在受训期间的工作,进行不间断地指导、监督,并对其正确与否负责;

(3)按照培训大纲进行培训并对培训质量负责;

(4)适时对受训人进行讲评,指出不足并提出改进措施,适时填写培训记录;

(5)适时开展工作技能检查和资格检查,在机场、进近、区域管制员每次实地操作和模拟培训后填写《培训/考核报告表》;

(6)对见习期满的见习管制员提出继续见习或转为正式管制员的建议;

(7)纠正受训人发出的管制指令或所做的协调、移交内容。

6. 岗位培训教员享有下列权利：

(1)根据培训情况向管制单位提出受训人追加、继续和终止培训的建议；

(2)按照规定对受训人进行考核；

(3)参加教员再提高培训。

7. 受训人在岗位培训期间，未经教员允许，不得擅自发出管制指令，进行管制移交或操作各种设备；

受训人在岗位培训期间违反规定，导致事故征候或事故的，所在单位应当根据情节轻重延长其培训时间或者终止其岗位培训。

8. 开展岗位培训应当符合以下规定：

(1)按照规定制定相应的岗位培训计划；

(2)按照培训种类和培训大纲开展培训工作；

(3)按照培训大纲规定的标准对受训人进行考试考核；

(4)适时对已完成的培训工作进行分析、研究并评估，提出改进培训工作的意见；

(5)使用符合行业标准的模拟训练设备；

(6)按照规定上报年度岗位培训情况；

(7)按照规定保存培训记录。

9. 管制单位每年年底前应当将本单位的本年度培训完成情况和下一年度岗位培训计划报地区管理局。地区管理局每年1月份应当将本地区上一年度培训完成情况和本年度岗位培训安排的总体情况上报民航局。同一地区管理局辖区内的多个管制单位有统一管理机构的，应当统一上报。

10. 岗位培训过程中，管制单位培训主管应当随时注意培训进展情况，并做好下列工作：

(1)就培训组教员的建议做出决定；

(2)加强对培训过程的持续指导和监督，发现问题及时与培训组研究解决；

(3)考察岗位培训教员的工作和培训情况，及时撤换不能胜任的教员。

11. 完成培训后，受训人所在管制单位应当妥善保存每位受训人岗位培训记录。

岗位培训的培训计划，培训内容，岗位培训教员，培训情况，考试考核、评价，培训结论等记录应当至少保存10年。

第四节　民航空管非学历教育培训课程

一、空管非学历教育培训目标

民用航空空中交通管制培训(以下简称管制培训)分为管制基础培训(以下简称基础培训)和管制岗位培训(以下简称岗位培训)。

(一)基础培训目标

基础培训,是为了使受训人具备从事管制工作的基本管制知识和基本管制技能,在符合条件的管制培训机构进行的初始培训。基础培训包括管制基础专业培训和管制基础模拟机培训。

(二)岗位培训目标

岗位培训,是为了使受训人适应岗位所需的专业技术知识和专业技能,在管制单位进行的培训。岗位培训包括资格培训、设备培训、熟练培训、复习培训、附加培训、补习培训和追加培训。

管制培训大纲由民航局统一制定。各管制单位和管制培训机构应当根据民航局制定的管制培训大纲并结合培训的具体类别和内容,制定培训计划并组织实施。

二、空管基础教育课程

目前国内空管非学历教育——基础教育部分,课程大纲由中国民用航空局空管行业管理办公室统一制定并管理,结合《民用航空空中交通管理规则》《民用航空情报工作规则》《民用航空空中交通管制员执照管理规则》《民用航空情报员执照管理规则》《民用航空空中交通管制培训管理规则》《民用航空情报培训管理规则》等文件要求,中国民用航空局空管行业管理办公室于2012年6月26日下发了《民用航空空中交通管制和情报基础专业培训大纲》。

《民用航空空中交通管制和情报基础专业培训大纲》是民航院校和管制培训机构开展管制基础专业培训的依据。培训大纲主要涵盖4章:第1章——总则,第2章—管制规定,第3章—大纲模块,第4章—附则。其中第3章培训大纲模块部分共由19个知识模块(课程)组成,具体包括航行基础与飞行组织管理、空中交通管理基础、机场管制理论与模拟、程序管制理论与模拟、雷达管制理论与模拟、航空情报服务、航图、飞行程序设计规范、无线电陆空通话、空中交通安全管理、航空气象、领航学、空气动力学与飞行原理、航空器及系统与动力装置、通信导航监视的技术与设施、飞行性能工程、空管人为因素、航行专业英语和飞行模拟实践等课程。大纲模块里面详细规定了课程的名称、学时、内容等。第 4 章附则包括机场管制模拟训练、程序管制模拟训练、雷达管制模拟训练的内容要求。

民航院校和管制培训机构应当根据《民用航空空中交通管制和情报基础专业培训大纲》并结合培训的具体类别和内容，制定培训计划并组织实施。管制基础专业培训大纲模块名称与最低课时要求见表 6-4。

表 6-4　管制基础专业培训大纲与情报基础专业

培训大纲模块名称与最低课时要求

模块序号	教学模块	管制基础专业	
		理论时数	实践时间
1	航行基础与飞行组织管理	24	0
2	空中交通管理基础	48	0
3	空中交通管理概论	0	0
4	机场管制理论与模拟	24	48（3W）（12E）
5	程序管制理论与模拟	24	48（3W）（24E）
6	雷达管制理论与模拟	24	48（3W）（24E）
7	航空情报服务	32	0
8	航空情报服务实践	0	0
9	航图	32	0
10	航图实践	0	0
11	飞行程序设计规范	48	0
12	飞行程序设计	0	0
13	无线电陆空通话	32	32
14	空中交通安全管理	16	0
15	航空气象	64	0
16	领航学	56	0
17	空气动力学与飞行原理	48	0

续表

模块序号	教学模块	管制基础专业	
		理论时数	实践时间
18	航空器及系统与动力装置	48	0
19	航空器适航管理	0	0
20	通信导航监视的技术与设施	48	0
21	飞行性能工程	48	0
22	飞机性能飞行计划	0	0
23	空管人为因素	24	0
24	航行专业英语	56	0
25	飞行模拟实践	0	16(1W)
26	航空公司运行管理	0	0
	课时合计	696	192
	课时总计	888	

说明:1. 以上理论课的课时为要求的各模块最低理论学时,实践课的课时为在实验室完成规定任务的学时。各培训机构可以根据需要以及各自教学培训的特点,增加教学模块、学时、辅助学时或课外的练习以及作业,保证充分理解并掌握课程内容,达到教学目标。

2. 括号内的数字与 E 表示每个受训人作为管制员参加实践课的练习个数,括号内的数字与 W 表示实践周数。

三、管制基础培训其他要求

基础专业培训大纲每个知识点的培训要求以"了解""理解""熟悉""掌握"和"熟练掌握"表示,具体含义如下:

(1)了解:能辨认概念、原则、术语,知道事物的分类、过程及变化倾向,包括必要的记忆;

(2)理解:能用自己的语言把学过的知识加以叙述、解释、归纳,并能把某一事实或者概念分解为若干部分,指出它们之间的内在联系或者与其他事物的相互关系;

(3)熟悉:能够记忆、认识事物完整的数值和特征,并能独立地分析;

(4)掌握:能根据不同情况对概念、定律、原理、方法等在正确理解的基础

上加以运用,包括分析和综合;

(5)"熟练掌握":透彻地理解,并能熟练地分析、判断和实施操作。

民航院校和管制培训机构应当按照《民用航空空中交通管制和情报基础专业培训大纲》制定本单位管制基础专业培训教学计划,并应按照教学计划实施教学培训活动。

民航院校和管制培训机构应当根据教学培训的情况,定期评估、修订培训教学计划,不断提高培训效果。

民航院校和管制培训机构应当将教学计划报所在民航地区管理局审查,并按照教学计划实施教学培训。

民航地区管理局应当对培训机构报送的教学计划进行书面审查。必要时,可以实地了解具体教学培训情况。

民航地区管理局应当定期检查民航院校和管制培训机构落实教学计划的情况。发现不符合本规定的情况,应当提出整改意见。必要时可以限制民航院校和管制培训机构继续开展管制基础专业培训,并将限制情况报民航局空管行业管理办公室。

民航院校和管制培训机构开展管制培训前应当向受训人说明本规定培训大纲的各项要求。受训人完成本规定培训大纲模块的培训并达到培训要求,民航院校和管制培训机构应当按照规定为其颁发相应的基础培训合格证明。

四、空管岗位教育课程

空管岗位教育类型多样,主要包括资格培训、设备培训、熟练培训、复习培训、附加培训、补习培训和追加培训、教员岗位培训、带班主任岗位培训、监察员培训、检查员培训、管制员英语培训、ICAO 英语考官培训等。

(一)资格培训

资格培训是使受训人具备在管制岗位工作的能力,并获得独立上岗工作资格所进行的培训。进行雷达管制岗位资格培训前,受训人应当经过符合条件的雷达管制基础模拟机培训,通过考核,取得培训合格证。

资格培训的上岗培训时间不得少于 1 000 小时。

(二)设备培训

设备培训是使受训人具备熟练使用新安装、以前未使用过或虽然使用过但现已有所更改的空管设备能力的培训。设备培训的对象为每个具备有关管制岗位工作资格且使用该设备的管制员和见习管制员。受训人未经设备培训,不得使用新安装、以前未使用过或虽然使用过但现已有所更改的空管设备。设备培训的内容包括:设备的基本工作原理和构成,功能及正确的操作方法,以及使用注意事项和禁止性规定。设备培训时间的长短可以根据设备原理和操作的复杂程度由管制单位自行确定。

(三)熟练培训

熟练培训是指受训人连续脱离管制岗位工作一定时间后,恢复管制岗位工作前须接受的培训。熟练培训应当符合下列要求:

连续脱离该岗位 90 天以下的,由管制单位培训主管决定其是否需要进行熟练培训以及培训时间,经培训主管决定免于岗位熟练培训的,应当熟悉在此期间发布、修改的有关资料、程序和规则;

连续脱离岗位超过 90 天未满 180 天的,应当在岗位培训教员的监督下进行不少于 40 小时的熟练培训;

连续脱离岗位 180 天以上未满 1 年的,应当在岗位培训教员的监督下进行不少于 60 小时的熟练培训;

连续脱离岗位 1 年以上的,应当在岗位教员的监督下进行不少于 100 小时的熟练培训。

熟练培训内容如下:

(1)了解脱岗期间发布的法规和规定。

(2)掌握本管制单位程序规则的变化。

(3)熟悉管制工作环境。

(4)恢复管制知识和技能。

(四)复习培训

复习培训是使空管人员熟练掌握应当具备的知识和技能,提供大流量和复杂气象条件下的管制服务,并能处理工作中遇到的设备故障和航空器突发的不正常情况所进行的培训。空管人员应当每年至少进行一次复习培训和考核。机场、进近、区域管制员模拟机培训时间不少于 40 小时。雷达管制员在满足 40 小时雷达管制模拟机培训的基础上,可以根据实际情况适当减少程序管制模拟机培训时间,但不得少于 20 小时。复习培训包括正常、非正常情况下空管知识和技能的培训。机场、进近、区域管制员非正常情况下的空管知识和技能培训,至少应当包括下列航空器和空管设备运行过程中突发的非正常情况两方面内容。

航空器在运行过程中突发的非正常情况:

(1)航空器无线电失效;

(2)航空器座舱失压;

(3)航空器被劫持;

(4)航空器飞行能力受损;

(5)航空器空中失火;

(6)航空器空中放油;

(7)航空器迷航。

空管设备运行过程中突发的非正常情况:

(1)二次雷达失效,用一次雷达替代二次雷达工作;

(2)雷达全部失效,由雷达管制转换到程序管制;

(3)其他设备故障。

(五)附加培训

附加培训是在新的或修改的程序、规则开始实施前,为使管制员熟悉新的或修改过的程序、规则进行的培训。管制单位培训主管应当根据程序、规则变化的程度,决定培训内容和所需时间。附加培训应当采取下列方法:

(1)组织相关人员学习,并进行考试;

(2)进行模拟培训,确保正确掌握新的或修改过的程序、规则;

(3)适时进行岗位演练;

(4)模拟培训和岗位演练应当在组织理论学习后进行。附加培训需要由两个或两个以上单位联合进行时,应当明确组织单位和负责人。

(六)补习培训

补习培训是指为改正管制员工作技能的缺陷而进行的培训,补习培训由管制单位培训主管根据情况组织实施。补习培训应当采用下列方法:

(1)组织受训人学习有关文件、规定、程序,并进行考试;

(2)组织模拟培训,并进行考试;

(3)管制员经过补习培训,未通过补习培训考试的,管制单位应当暂停该管制员在其岗位工作。

(七)追加培训

追加培训是指由于受训人本人原因,未能按规定通过培训,应当增加的培训。追加培训时间为预计培训时间的四分之一至二分之一。每种培训的追加培训最多不得连续超过 2 次,否则管制单位应当终止培训,并暂停该管制员在其岗位工作,并重新进行相应种类的培训。追加培训的结果要记入《岗位培训评估报告表》。

(八)民航空中交通管理监察员业务培训

为加强对民航空中交通管理监管专业监察员(以下简称空管监察员)培训工作的管理,规范空管监察员培训工作,提高空管监察员的行政执法能力,根据《中国民用航空监察员管理规定》(CCAR - 18 - R3),中国民航局于 2016 年 4 月下发制定了《民航空中交通管理监察员业务培训管理办法》。

《民航空中交通管理监察员业务培训管理办法》内容包括 5 章和 1 个附件,分别如下:

第一章　　总则;

第二章　　培训的类别和内容;

第三章　　培训的组织和实施;

第四章　　空管监察员培训记录管理;

第五章　　附则;

附件　空管监察员初始业务培训大纲。

空管监察员是指依照《中国民用航空监察员管理规定》取得安全监管类空中交通管理监管专业监察员资格的民航行政机关公务员。

空管监察员的培训包括业务培训和法律培训。业务培训包括空中交通管理、空域管理和飞行程序设计、通信导航监视、气象、无线电管理、航空情报、航图、搜寻救援以及其他与空中交通管理相关的专业知识和管理知识的培训。法律培训包括基础法律知识和专门法律知识培训。法律培训由相关法制职能部门组织、实施。

业务培训包括初始业务培训和持续业务培训。初始业务培训,是指民航行政机关公务员为取得监察员资格而接受的民航行政执法所需的专业知识培训。持续业务培训指空管监察员为保持、提高其民航空中交通管理行政执法能力而定期接受的专业知识培训。

1. 空管监察员初始业务培训大纲

(1)国际民航公约和国际民航组织附件

1)国际民航组织及其工作情况。

2)《国际民用航空公约》。

3)国际民航公约相关附件,主要包括以下附件。

附件一　《人员执照》;

附件二　《空中规则》;

附件三　《国际航空气象服务》;

附件四　《航图》;

附件六　《航空器运行》;

附件十　《航空电信》;

附件十一　《空中交通服务》;

附件十二　《搜寻与救援》;

附件十五　《航空情报服务》;

附件十九　《安全管理》。

4)国际民航组织其他文件。

(2)中国民用航空法规体系

1)民用航空法规框架。

2)民航相关法律。

3)民航相关行政法规。

4)民航规章、标准。

5)规范性文件。

(3)基础业务知识

1)民航运行管理体制。

2)民航管制基础知识。

3)民航情报基础知识。

4)民航通信导航监视基础知识。

5)民航气象基础知识。

6)民航典型案例分析。

(4)民航行政执法制度

(5)国外空管管理介绍

2.空管监察员持续业务培训主要内容

1)国家行政管理、安全政策最新情况。

2)空管相关的法规、规章及标准变化情况。

3)空管新知识与新技术。

4)空管理论的最新进展。

5)空管典型事件案例分析。

6)有利于监察员综合能力提高的社会热点问题分析等相关内容。

7)其他必要的内容。

民航局空管办或者地区管理局根据空管各专业领域出现的新问题或者新技术的应用等实际情况的需要,可以在全国或者地区范围内组织开展专题业务知识培训。

(九)管制员英语培训

按照国际民航组织公约和民航局统一要求,自 2011 年 3 月 5 日起,使用英语进行无线电通话,提供空中交通管制服务的管制员应当达到管制员英语等级 4 级及以上能力。

基于上述要求,针对空管工作的性质和特点,结合空管工作的具体情况以及民航工作对英语的实际需要,各空管一线单位依据 Doc.9835 文件(《国际民航组织语言熟练度需求实施手册》)开展管制员英语培训。

目前国内管制员英语培训没有全国统一的培训形式,培训的大纲和内容也是依据 Doc.9835 文件并结合工作实际需求进行自主化培训,培训的主体大多数依赖各地区空管局培训中心及民航相关院校。

管制员英语培训的内容主要围绕基础英语听力、英语口语、空中交通无线电通话用语、特情英语、英语阅读、ICAO 英语考试题型解析等方面。

(十)ICAO 英语考官培训

按照《关于管制员英语无线电通信能力的要求》(AC－66I－TM－2010－01)和《民航空管系统管制员英语等级测试管理规定》(MD－TM－2015－002)要求,民航局空管局每年会委托管制员英语等级测试中心(位于中国民用航空飞行学院)开展中国民航管制员英语等级测试考官年度复训和考核工作。

复训内容一般包括考官管理规范与职业道德,考官面试技巧与面试案例解析,考官面试系统实操演练,其他相关工作。培训的内容每年会根据实际情况进行调整与更新。

第五节　军航空管非学历教育

一、军航空管教育组织实施

军航对空管教育的组织实施不仅仅局限于普通教育,由于其本身的特殊性,军航空管教育也拥有其特殊的组织实施方式。

军航空管系统是"2＋2"生长干部学历教育培训(2 年学历基础教育和 2 年学历职业教育,总学制 4 年),军航空管基础教育"2＋2"模式课程模块包括 2 部分,即装备通用原理和操作维护技能,每个模块规定了相应的课程、学时等内容。军航空管基础教育"2＋2"模式实施表,见表 6－5。军航航空管制"2＋2"生长干部成长路径,如图 6－5 所示。

表 6－5　军航空管基础教育"2＋2"模式实施表

课程模块	课程名称	学时安排		
		讲　授	实　践	合　计
装备通用原理	空管运行与管理	80		80
	飞行流量与空域管理	30	30(30)	90
操作维护技能	机场/塔台管制		40(40)	80
	分区/进近管制		40(40)	80
	区域/航线管制		40(40)	80

说明:括号前数字为课内必修课时,括号内数字为课外学习课时。

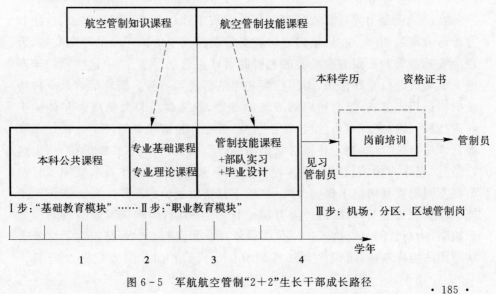

图 6－5　军航航空管制"2＋2"生长干部成长路径

二、军航在职岗位培训课程

军航空管岗位培训主要包括在岗培训、换装培训、管制业务提高培训、英语培训、换岗培训、战时航空管制培训、继续教育和军民航交叉培训等,军航管制专业在职培训,如图 6-6 所示。

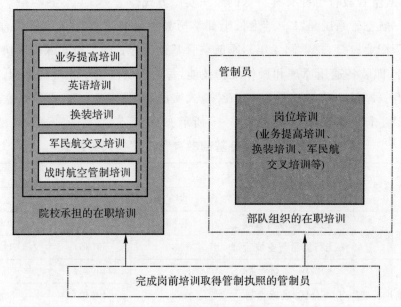

图 6-6　军航管制专业在职培训

(一)在岗培训

在岗培训是指为使管制员具备高效完成工作任务而进行的知识、技能和态度等方面的训练。在岗培训通常在新管制员就业的第一年见习期实施,表现为安排新管制员跟着有经验的老管制员或主管领导工作,由这些经验丰富的老管制员进行指导帮带、工作轮换和团队行动学习等。指导帮带是一种传统的在职培训方式,没有特定的方法和程序,新管制员只是从观察和体验中获得技能,其程序有口头传授、亲手示范、练习和检查反馈等环节。现代国家教育训练推行"导师制",导师对学员的指导不仅包括知识、技能的指导,也包括品行、态度方面的指导。工作轮换亦称轮岗,指根据工作要求安排新管制员在不同的管制岗位工作一段时间,以丰富新管制员的工作经验。工作轮换能丰富管制员的工作经历,了解管制工作内容和职责,能识别管制员的长处和缺陷,为新管制员安排工作岗位提供依据。团队行动学习是指为了培养管制员团队协作精神,组织多个新管制员让他们合作解决并制定一个管制计划,然后由他们负责实施的培训方法。管制值班组的可靠性是指多名管制员在一定条件下协作完成规定管制任务的能力。该能力也是由管制团队行动学习培养来的。

（二）管制业务提高培训

管制业务提高培训是对管制人员提高业务知识和技能的培训,包括模拟机培训、新技术新规程培训、新知识培训、军事理论培训等。

（三）英语培训

英语培训使管制员达到国际民航组织及从事管制工作要求的英语等级。

（四）换装培训

换装培训是指当管制新设备或新程序引进时,安排管制人员由院校教授或设备研发部门的工程师对管制员进行集中训练。管制部门装备新设备或新程序之前,必须及时进行换装培训,使管制员能够熟练地使用新设备或新程序。随着我国由程序管制向雷达管制的过渡,围绕雷达管制教育训练的需求将逐步增大。军航的换装培训与民航的设备培训基本相同。

（五）换岗培训

换岗培训指在机场管制机构、分区管制机构、区域管制机构及其他管制岗位互换时进行的培训。

（六）战时航空管制培训

战时航空管制培训明确航空管制在现代联合作战中的地位和作用,了解战时航空管制机构和岗位设置、职责和任务划分,掌握战时航空管制计划制定及管制保障工作流程。

（七）继续教育

空管任务不仅对管制员的知识、技能、经验等有特殊要求,也对年龄、反应能力、判断力等提出了更高要求。从我国民航管制员年龄结构来看,目前管制员的年龄普遍年轻,35岁以下的管制员占一线管制员总数90%以上,管制员一旦过了年龄,反应能力、判断力的最佳时期,个人何去何从,如何发展都是很现实的问题。因此,对于热爱空管事业,有志为国家空管事业奉献的管制人员来说,寻求继续教育和个人发展也是空管教育培训不可忽视的内容。

（八）军民航交叉培训

军民航交叉培训是指为了适应军民航联合办公和互派联络员的需要,通过职位知识讲解、职位示范和职位轮换等方式,对军航/民航设备或技术、管制任务、团队交互作用和对方管制员情况进行了解和熟悉的培训。

第七章 空管教育改革与发展

我国空管教育虽然已经具有了一定的规模与基础,但航空系统面临的国内外复杂环境将共同导致空管教育传统的组织结构和教育模式发生不确定性的变化。与航空发达国家的空管教育相比,我国空管教育在体制、技术、设施、管理等方面还存在一定差距,这对我国军民航空事业的持续、健康与快速发展造成了某种程度的制约。空管教育需加大改革与发展力度,努力在危机中育新机,于变局中开新局。

第一节 空管教育面临形势

空管教育改革与发展必须正视国际与国内新形势,基于我国当前空管教育发展的实际情况和国外发达国家空管教育发展的基本模式及先进经验,分析空管教育所面临的国际与国内形势。

一、行业发展面临的形势

2018年6月,习近平总书记在中央外事工作会议上提出了一个重大论断,即"当前我国处于近代以来最好的发展时期,世界处于百年未有之大变局"。此后,他又多次重申这个论断。

百年未有之大变局下,民航发展外部环境的复杂性和不确定性不断增加。大国博弈加剧,经济全球化遭遇逆流,世界进入动荡变革期,国际贸易和投资大幅萎缩,全球经济、科技、文化、安全、政治格局等深刻调整,碳达峰、碳中和战略加快实施,新冠肺炎疫情影响广泛深远,中国军民航事业发展外部环境面临着深刻复杂变化。

军航肩负着保家卫国的使命。在习近平强军思想引领下,我国正在加快建设世界一流空军,在世界空天力量竞逐中赢得先机,赢得主动,赢得优势,赢得人民空军建设发展的崭新未来。作为战略性军种,空军战略能力要与不断拓展的国家利益和不断变化的安全形势相适应。新时期空军大量武器装备更新换代,各种武器装备和多种新型战机需要大批量投入新时代练兵备战,各种遂行性任务增加,对空域的使用也将保持高位。随着我国民航的迅速发展,面对不断增加的交通流量,有限的空域变得越来越拥挤,航班的不正常率始终在增加,推动建立空域资源在军民航之间灵活分配的运行机制是解决民航快速增长的空域需求与空域稀缺性之间矛盾的有效手段。

民航发展环境的挑战性和不确定性也造成了空管发展存在一定的不确定性,空管关键设施设备的产业链、供应链面临“卡脖子”风险;疫情导致“十四五”初期全球航空出行锐减,国际航空市场持续低迷,民航空管总体收入存在持续下滑等风险。

核心资源的迫切需求为空管改革提出新任务。一带一路、京津冀协同发展、长江经济带、粤港澳大湾区和成渝地区双城经济圈发展等重大国家战略全面推进,带来行业新一轮的基础设施建设需求;可用空域、航班时刻等资源不足与航空市场需求日益增长仍然是当前空管发展面临的主要矛盾,亟需通过改革创新破解长期制约空管发展的难题。

运行保障需求的多元化给空管服务提出新要求。部分中小机场发展较快,对空管系统在业务指导、技术支持和人员培训等方面的服务输出提出了新要求;军航、通航和无人机飞行等多类型航空用户加入空域系统,对空管系统多模式混合保障能力、差异化空管服务提供、复杂空域矛盾化解等方面都提出了新要求。

综合研判,我国空管在安全管理、通信服务、情报服务、流量管理、繁忙机场协同保障等领域已具备一定的国际影响力,但在空域组织管理、应急容灾体系、信息协同环境等方面与国际一流水平仍存在明显差距。“十四五”期间既有大国博弈加剧、经济全球化逆流、新冠肺炎疫情影响,又有国家空管体制变革、航空市场调整、新技术应用扩大等因素变化的复杂性。整个空管系统必须深刻认识空管发展面临的新矛盾新挑战,增强机遇意识和风险意识,立足空管当前发展实际,把握空管发展规律,保持战略定力,树立底线思维,准确识变,科学应变,主动求变,持续推进现代化空管体系建设,提升我国空管的综合保障能力,以及在亚太地区和全球的地位和影响力。

二、新兴技术在空管的应用

近年来,大量空管新兴技术为空管效率提升带来了新动力。以基于航迹运行为代表的航行新技术正在推动空管迈向全面技术革新与装备升级,同时5G、云计算、人工智能、大数据等一批新兴技术开始与行业深度融合,数字化、网络化、智能化、智慧化将成为空管未来发展的新基点。

(一)智慧民航发展

智慧民航是运用新一轮科技革命和产业变革的最新成果,分析整合民航业各种关键信息和要素资源,最终实现对民航安全、服务、运营、保障、监管等需求做出数字化处理、智能化响应和智慧化支撑的建设过程,其典型特征是互联网、大数据、云计算、人工智能、区块链等新一代信息技术在民航业的广泛应用和深度融合。

从国际发展情况看,为积极应对未来超大规模航空市场发展需求和环境约束挑战,多个国际组织和国家制定了多项航空运输系统规划,旨在构建更为安全、更有效率、更加灵活、更可持续的新一代航空运输系统。从国内发展情况看,党的十九大作出了建设交通强国、数字中国的战略部署,国民经济和社会发展十四五规划纲要专篇布局数字中国建设,明确提出了建设智慧民航任务。

我国民航系统先后提出了"四型机场"建设理念、"四强空管"建设目标,全流程自助、无纸化出行、差异化安检积极推广,空管数字化管制服务、机场高级场面引导系统等一批新技术新装备试点应用,智慧民航建设成效不断扩大,内涵不断丰富,格局不断拓展,以智慧民航建设推动高质量发展的氛围已经形成。

(二)四强空管发展

在技术层面,2014 年 3 月 19 日,欧洲组织的第 2 次初始 4 维(Initial-4D,简称 I-4D)飞行试验取得成功。在整个飞行过程中,地面系统通过地空数据链,向航空器发送沿途各点的控制到达时间,机载飞行管理系统根据这一时间自动控制飞行速度。结果表明,航空器实际过点时间与控制到达时间误差在 10s 以内,精度远高于管制员—飞行员控制结果。2019 年 3 月 20 日,天津—广州 I-4D 飞行试验获得成功,标志中国在这一标志性新航行技术上取得突破。2019 年 9 月 27 日,北京大兴机场开航,与此同时,中国自动化程度最高的高级地面活动与控制系统投入使用。航空器落地后,系统自动生成无冲突的滑行路线,同时通过控制航空器前方灯光颜色引导航空器滑行,管制员仅在设备故障或航空器违反灯光指令时才介入指挥。这两项突破向世界展现了全新的空管技术。航空器防撞可以既不采用 VFR 模式,也不依赖 IFR 模式,转而完全由地面—机载系统协同完成,这无疑将给今天的空管系统带来革命性的变革。

"十四五"期间,空管系统将朝着数字化、网络化、智能化、智慧化的方向快速发展。比如在全国航班协同运行保障与精细化航班运行控制技术方面，将构建全局态势监控、高效协同联动和一体化航班指挥调度的全国航班协同运行保障系统；在基于四维航迹的新一代空中交通管理技术方面，将构建基于自主运行和 TBO 的新一代空中交通管理运行模态；在面向多元空中交通的融合运行管控技术方面，将构建面向运输航空、通用航空等多元用户的空中交通融合自主运行生态。

在政策层面，为迎接这一历史性转变，民航空管体制机制改革陆续推进。2015 年 1 月 13 日，民航局发布《中国民航航空系统组块升级发展与实施策略(IB－TM－2015－002)》。2016 年，民航局空管局出台《中国民航空管现代化战略(CAAMS)》，提出从空域组织与管理、协同流量管理、繁忙机场运行、基于航迹运行、多模式间隔管理、军民航联合运行、基于性能的服务等 7 个方面推动空管系统全面升级。

2016 年 12 月 12 日，民航局印发《统筹推进民航空管深化改革的实施意见》，系统梳理了空管发展中面临的问题，明确提出了"军民融合发展的空域管理体制"和"符合空管实际、集约高效、具有活力、管理规范的企业管理体制"的发展方向。2018 年 1 月 17 日，时任民航局局长冯正霖在民航空管工作会议上，将现阶段民航空管改革发展目标，集中概括为强安全、强效率、强智慧、强协同的"四强空管"。

总体来说，民航空管系统明确了管理体制的改革方向，认清了技术体系的发展趋势，并已经制定了发展规划，启动了技术试验。今天的空管在推动国家空管体制改革，实施民航空管企业化转型的同时，率先开展大规模新的技术应用，是从平台期突围，迎接新飞越的必由之路。

三、空管教育改革面临的形势

(一)新工科教育背景

2014 年 6 月 3 日，国家主席习近平在人民大会堂出席 2014 年国际工程科技大会并发表题为《让工程科技造福人类、创造未来》的主旨演讲，强调未来几十年，新一轮科技革命和产业变革将同我国加快转变经济发展形成历史性交汇，工程在社会中的作用发生了深刻变化，工程科技进步和创新将成为推动人类社会发展的重要引擎。现在产业发展方向很明确，就是促进产业的交叉融合，因此在人才培养方式上需要相应地调整结构，增加复合型、创新型人才培养规模，为企业输送大量人才。

2016 年 6 月，我国成为国际工程联盟《华盛顿协议》成员后，于 2017 年启动新工科建设的新时代中国高等工程教育。2017 年 4 月 8 日,教育部在天津大学召开新工科建设研讨会,60 余所高校共商新工科建设的愿景与行动。与会代表一致认为,培养造就一大批多样化、创新型卓越工程科技人才,为我国产业发展和国际竞争提供智力和人才支撑,既是当务之急,也是长远之策。

就工科领域而言,新工科理念的含义是以产业需求为导向,以培养跨学科、综合全面、创新能力强、面向未来、能够适应并引领产业不断发展的新人才为目标的培养观念。在新工科的建设过程中要坚持问题导向,问产业需求建专业,问技术发展改内容,问学校主体推改革,问学生志趣变方法,问内外资源创条件,问国际前沿立标准。

在新工科教育发展背景和智慧民航、智慧空管发展趋势的推动下,未来民航业对空管类人才数量和质量都提出了较高的要求,我国空管模式的变革必将带来空管人才培养模式的转型,由以培养专业技能人才为主转为以学科交叉融合的高素质空管人才为主,从专业型向"专业＋科技创新型"、国际化人才转变。随着中央空管委成立、智慧民航发展战略出台,以及民航局运行监控中心、民航局空管局运行管理中心等新型运行管理单位出现,民航空管人才培养目标、质量标准、培养方案和课程体系面临更大挑战。

(二)空管体制改革的新要求

空管体制是空管行业的重要组成部分,是空管事业发展的重要基础设施。改革开放以来,伴随着民航体制改革的逐步深化,空管体制改革也在稳步推进,并取得了良好的发展。

近年来,我国一直在推进空域管理体制改革和空域精细化改革、低空空域管理改革。湖南、江西、海南等地先后开展了低空空域管理改革试点工作。低空空域管理改革是党中央、国务院、中央军委的重大决策部署,是"十四五"规划发展的重要内容。"十四五"规划纲要"促进国防实力和经济实力同步提升"部分,明确提出,要推进空中交通管理改革。我国的空域改革正在朝着从静态向动态、从粗放向精细、空域分类管理使用的目标迈进。在上述背景下,2021 年 4 月,中央空中交通管理委员会(以下简称中央空管委)成立。

空管体制改革对空管教育必然提出新要求,但是目前的空管教育在一定程度上存在着局限性,主要表现:一是空管人员培养评估体系没有建立;二是缺乏空管人员激励机制；三是空管人员培养与装备建设发展规划存在不足。

（三）军民航空管教育一体化要求

我国军民航空管教育体系分属不同类别——民航空管教育由中国民航局统一负责招生安排，军航空管则由空军进行选调安排，这必然会造成军航和民航培养的空管人员在整体素质和技术技能方面存在一些差异。

实施军民航空管教育一体化有诸多好处。

（1）有利于整合优化空管资源。军民航空管教育一体化可以集中空管单位的所有优势资源，统一协调，整合优化教育资源，从而培养出优质的空管人才。

（2）有利于军民航和谐共处，保持国防安全和经济发展齐头并进。军民航空管教育一体化有利于统一协调整合空管人员的分配和使用，加强军民航之间的沟通协调，互相理解合作。空管人员作为航空事业发展的重要组成部分，承担着重要的使命和责任，统一的空管教育与培训能够实现空管人员的合理调度。

（3）军民航空管教育一体化有利于提高空管人员的整体素质和技术技能本领。以我国军民航空管教育为例，军航有自己独立的空管人员培养体系和制度，空管人员以高考生和停飞生为主，而民航则按照我国普通教育体系进行正规选拔培养空管人员。如此一来，军民航的空管人员无论在知识技能还是在整体素质方面都存在一定的差别。所以，军民航空管教育一体化是解决当前空管人员素质差异的重要手段。同时，从全球范围看，这也是必不可逆的趋势。

（4）军民航空管教育一体化有利于实现空管教育现代化。空管教育一体化便于集中资源，实现信息技术的推广和设备的统一，降低教育成本。空管各单位、各专业都开发出许多工作软件，解决了工作中的许多问题，符合专业需要。军民航空管教育一体化有利于筹措更多的人力和财力开发购买更适合空管教育的设备资源，并实现资源标准统一和共享。另外，军民航空管教育一体化能够及时应对航空发展的需求，不断开发、修改、完善课程建设和应用软件，从而促进航空事业的长足发展。

综合我国当前军民航空管教育的发展情形和航空发达国家空管教育一体化先进经验，加强我国空管教育，提高空管人员素质，是空管发展的必然诉求。

(四)空管教育国际合作要求

近年来,各国的空管教育工作从经费投入到新技术应用都有较大发展,空管学员的数量和素质也有较大提高。随着国际航线的增加,新飞机的引进,国际间航空领域合作日益频繁,促使各国,尤其是发展中国家的空管教育工作走向标准化和国际化。这就要求空管教育的发展,一方面要积极参与航空发达国家的各种专业技术活动,汲取航空发达国家空管教育的先进经验和优秀做法;另一方面与有关国家加强技术合作及教育合作,包括新技术的利用开发、教育方式或教育模式的引入、人员教育及培训等。

通过广泛的国际合作,空管教育标准逐步与国际接轨,增强国际交流与合作,为国际航空运输提供优质的空管服务。空管行业实施合作教育在全球范围内已经获得了一致认可,合作教育将成为空管教育的重要教育模式,是空管教育的重要发展方向。

(五)空管教育专业认证要求

专业认证始于工程教育的发展,目的在于通过对空管人员的综合能力和专业知识及技能的评估保证空管人员的质量。发达国家大都对航空行业进行了专业认证,如美国、德国等。

2006 年 3 月,我国正式启动了工程教育专业认证相关工作。作为从事民航空管基础教育的主要院校,中国民航大学空管学院于 2012 年和 2018 年先后两次通过了我国工程教育专业认证,空管学院以满足航空业对空管人才的迫切需求为导向,以提高空管学员的工程能力和综合素质为根本,以师资队伍建设为抓手,深入推进工程教育教学改革,积极探索符合国际化发展趋势的人才培养模式和途径。从全球的发展趋势看,建立专业认证制度是空管教育发展乃至航空事业发展的必然选择。随着国际间交流的增多,专业认证成为空管行业发展的重要趋势。

(六)空管教育内容多元协调的要求

随着航空事业的飞速发展,空管人员的整体素质、职业道德和基本技能以及空管教育基本理论的匮乏等都在一定程度上制约着各国航空事业的发展,直接或间接影响到本国的国土安全和经济发展。在未来一段时间内,实现空管教育内容多元协调化将成为空管教育发展的重要趋势。

1. 与空管教育理论研究之间的协调

从全球范围看,各国空管专业开设之初,都偏重于工程实际应用,因此长期以来相对重视教学而忽视科学理论研究,尤其是在基础理论研究方面较薄弱。由于博士学位授予资格机构稀缺的影响,国际上取得空管教育博士学位的人员还较少,这就在一定程度上限制了空管理论的发展。当前,发达国家均已经意识到只有保障空管理论的先进性方可指导空管教育事业和航空事业的快速发展,保障飞行活动的安全快捷。例如法国许多高等院所开始改进实验室建设以加强科学研究。目前,法国国家科学研究中心(CNRS)在综合性大学和高等专业学院里面均设有实验室,很多 CNRS 的研究员同时也是这些单位的教授。这些举措既加强了科研机构、各地航空机构与高等教育机构之间的密切联系,又促进了法国空管教育通过科研活动更好地培养各类空管人员,为空管实际运行的改进提供了重要的理论支撑和技术支持。

2. 与人文教育之间的协调

由于航空事业在国民经济和政治发展中的特殊地位,世界各地的空管人员在本国都具有独特的社会地位,因而形成了激烈的考试竞争。但学员在被航空院所录取后,由于空管行业的特殊性所引发的厌学,情绪紧张等心理问题越来越严重,这使得公众、院校机构和相关决策者逐渐意识到,现代空管事业的长远发展已不是单纯的工程技术问题,它往往广泛地涉及到安全、社会、经济、外交,甚至影响到人类生存问题。因此,当代空管教育不仅要让未来的空管人员懂得科学、技术和工程,还必须懂得有关通信、导航、监视、航空情报、气象以及经济、管理、法律、人文、社会、环境等方面的知识,以使科学永远造福于人类,保证个人全面、健康、和谐发展。为此,法国教育部和文化部于 1988 年 3 月 29 日联合成立了"艺术教育高级委员会",以加强未来空管人员的文学艺术修养。美国也在各个高校的空管学院或专门的空管培训机构增加了通识课程的比例,以此保障空管人员的全面发展,保障空管教育的持续有效发展,以更好服务于航空事业的发展。

第二节 空管教育指导思想与原则

一、指导思想

我国空管教育改革的指导思想是以中央空管委确立的目标为导向,以党和国家确定的教育方针政策为指引,以国家和军民航空管法律法规为依据,以理论与实践高度融合、军民航高度融合的教育为创新模式,全面优化空管教育培训体制和机制,积极营造和谐的教育培训环境,努力构建功能先进、结构完善的新型空管教育培训体系,培养适应空管行业所需要的高素质、强能力、国际化人才。

(一)以党的教育方针为遵循

2016年12月7日至8日,习近平在北京召开的全国高校思想政治工作会议上指出,我国高等教育肩负着培养德智体美劳全面发展的社会主义事业建设者和接班人的重大任务,必须坚持正确政治方向。高校立身之本在于立德树人。只有培养出一流人才的高校,才能够成为世界一流大学。办好我国高校,办出世界一流大学,必须牢牢抓住全面提高人才培养能力这个核心点,并以此带动高校其他工作。我们的高校是党领导下的高校,是中国特色社会主义的高校。办好我们的高校,必须坚持以马克思主义为指导,全面贯彻党的教育方针。

全面贯彻新时代党的教育方针和军事教育方针,推进理论创新、科技创新、文化创新,依据《教育部关于加快建设高水平本科教育,全面提高人才培养能力的意见》,大力推动教育教学改革,全面提高我国人才培养质量,努力建设具有世界先进水平和中国特色的社会主义现代高等教育体系,促进我国从教育大国走向教育强国。

教育方针是党在一定历史阶段提出的有关教育工作的总方向和总指针,是教育基本政策的总概括,它是确定教育事业发展方向,指导整个教育事业发展的战略原则和行动纲领。内容包括教育的性质、地位、目的和基本途径等,具有全局性、现实性与阶段性等特征。空管人员教育培训是一项涉及空管领域未来发展的重大事业,具有高度的前瞻性、探索性和研究价值,但首先必须遵循党确立的培养社会主义事业接班人的教育方针这个根本指向。

(二)以融合发展为导向

军民融合发展已经上升为国家战略和全社会发展的共识。空管具有天然的军民融合属性,空管的理论、技术、设备、法规标准以及空管人员都有较强的军民融合性、通用性,军民航空管的建设发展迎来了难得的机遇,必须抓住机遇补短板、上层次。从世界范围来看,各国的航空活动都有军事飞行与民用飞行,由于民用飞行和军事飞行分别反映了国家经济建设和国防安全建设的需求,是国家建设事业全面、协调和持续发展不可分割的两个方面,军民航空管主体联合运行,军民航空管活动交织进行,军民航空管信息共享互通,同一片蓝天下的空管活动联系紧密、不可分割。

军民航的融合应当首先从教育开始,从人才培养的源头开始走融合之路。立足国家空管建设和军事空管需求,着眼空管未来发展,围绕融合谋划空管教育的顶层设计,确定教育目标,设置课程体系,在融合教育中提升空管人员的战略思维层次,在融合教育中不断强化军民空管运行的教学深度和广度,促使军民融合发展战略在军民融合属性明显的空管教育领域率先落地,培养一支规模适度、结构合理、素质优良、作风过硬、技术精湛、精通军民的新型空管人才队伍,为空管现代化提供强有力的人才保证和智力支持。

(三)以法律法规为依据

根据《中华人民共和国民用航空法》规定,国家对空域实行统一管理。划分空域应当兼顾民用航空和国防安全的需要以及公众的利益,使空域得到合理、充分、有效的利用。各级空管部门应坚决贯彻执行这一法规。根据国家颁布的航空法规,对领空内的一切飞行活动实施强制性的统一监督、管理和控制的目的是保卫国家领空安全,识别空中目标,维护飞行秩序,保证飞行安全。空管工作事关领空安全和飞行安全,责任重大。因此,空管活动应以航空法律法规和相关军事法规为依据,以规章、规范文件为准绳,以充分利用空域资源、加强各类航空活动科学管理为出发点,为空中交通安全、有序、高效运行提供重要保障。基于此,空管教育的改革与发展也应该在这一方面有所体现。

我国的相关航空法律法规主要有《中华人民共和国民用航空法(草案)》《中国民用航空危险品运输管理规定》《飞行模拟设备的鉴定和使用规则》《民用航空器驾驶员、飞行教员和地面教员合格审定规则》《民用航空飞行标准委任代表和委任单位代表管理规定》《民用航空器领航员、飞行机械员、飞行通信员合格审定规则》等。为适应空管视野的变化与需求，空军空管机构制定了空管系统人才培养方案等制度和法规，为长期培养基础扎实、文理兼备、精通技术、懂军事、有谋略的空管人才提供了政策支持。空管教育必须以国家和军民航空管法律法规为依据。

(四)以高端运行工程师培养为主体

空管教育结合行业发展需求，面向空管，服务空管，深化空管教育改革，以培养高端运行工程师为主体，使受教育者通过对空管专业系列课程的学习，以及对接空管岗位的应用能力训练，掌握空管专业知识和理论，具备从事空管运行管理工作的基本素质和能力，成为熟悉国内外专业发展动态，具有航空安全意识、较强实践和创新能力，严实作风和协作精神，符合高素质、强能力、国际化要求的高级人才。

(五)以空管创新型人才培养为引领

空管教育以空管创新型人才培养为引领，构建创新型的课程体系，形成与之相匹配的人才质量认可标准。空管教育以"新工科"、工程教育为培养理念，通过交通运输工程、管理科学与工程、安全科学与工程学科等相关基础理论课程和专业应用能力的训练课程，培养能够适应未来民航空管事业发展、在空中交通管理、空中交通流量管理、空域规划、空中交通安全管理等相关技术领域从事创新性工作的新型空管人才。

二、基本原则

空管教育的改革与发展，必须遵循"统一领导，共同筹划""需求牵引，突出重点""统分结合，循序渐进"以及"整合资源，互利互补"原则。只有坚持这些基本原则，空管教育及其改革与发展才能不断地深入并取得成效。

(一)坚持"统一领导，共同筹划"原则

目前，全国实行"统一管制，分别指挥"的空管运行机制，即在中央空管委的领导下，由空军组织实施全国的飞行管制。在管制指挥上，航路航线内由民航实施管制指挥，航路航线外由军航实施管制指挥，基本实现了一个空域由一家管制指挥。从长远发展看，管制区的划设应打破目前以民航行政区域和部队建制关系划设管制区的做法，根据空管设施布局和实际需要划设，将

民航管制区与军航管制区合一;在管制指挥上实行集中统一的指挥,任何航空器进入哪个管制区就由该管制区的负责单位指挥;在空管法规建设上,由国家制定统一的空管规则、程序和标准,军民航执行统一法规和标准。

随着航空事业飞速发展和军事飞行训练任务加重,空管设备国产化和更新换代步伐加快,以及军民航联合运行的推行,都对军民航空管联合教育培训提出了新的要求。这就要求在组织上应当坚持"统一领导,共同筹划"的原则。空管教育的专业建设应确立以中央空管委、教育部及军民航为主的管理体制,根据各航空院校教育资源配置,进行专业建设的宏观管理与调控,规划统一的专业结构及布局;成立具有权威性的专业建设审议委员会,其成员应包括中央空管委相关领导、教育部相关领导、各个航空院校代表、军航代表、民航代表等统筹协调空管教育的专业建设。

(二)坚持"需求牵引,突出重点"原则

空管教育改革,必须坚持"需求牵引,突出重点"原则。空管教育是根据国家空管系统所担负的使命和任务,对将从事空管运行和管理的受教育者进行政治理论教育、思想道德教育、空管专业学科教育和空管业务知识技能训练的活动。它是国家教育系统的有机组成部分,既受教育本身内在机制的目标导向制约,也受社会转型或变迁的外在需求的影响。国家管理监督层负有制定国家空管教育培训大政方针,为教育培训系统投资以及管理监督教育培训效果的重任,其每一项重大决策都决定着国家空管教育培训体系的健康运行和未来发展。

空管教育改革以实现"国家统一管制"目标为主线,以加强空管专业人才培养的组织领导为保障,各个航空院校应根据行业需求及国际空管发展趋势,及时调整专业结构,合理进行专业布局,同时,在培养的过程中,认准主流与关键,突出重点。

(三)坚持"统分结合,循序渐进"原则

空管教育改革是一个复杂的系统工程,因此,必须做到整体与局部的统一,协调好二者之间的关系,逐步展开,即坚持"统分结合,循序渐进"原则。在教学过程中教师引导学员将外在的教学要求与内在的需求相结合,进而内化为学员的主观努力和主动行为,造就正确的学习态度,使学员具备良好的身体素质和心理素质、过硬的思想政治素质、严谨的科学思维和研究方法、积极的求实创新意识、全面的工程技术和现代管理素养。

目前,在空管人员队伍中,具有复合知识结构、综合能力、创新精神、创新能力的智囊型参谋人才和专家型技术人才不足,具备指挥联合作战能力和组织复杂空管保障能力的人才也比较少,因此,需要建立起一整套用制度约束人、用事业激励人、用感情凝聚人、用待遇吸引人的制度机制,在人才培养过程中发挥制度机制的作用,促进空管人才的成长。

空管教育在改革与发展过程中应当循序渐进,稳步推进,务求实效。专业建设中的师资建设、教材建设(包括教学资源的积累)、实训(验)建设、实训基地建设以及教学设计、教学方法的完善等,都需要有一个积累的过程;同时,航空院校的专业建设还必须具有一定的灵活性,面对不断变化的情况,及时对专业进行调整、优化和改造,以便更好地适应航空事业发展对新类型、新规格人才的需要。

(四)坚持"整合资源,互利互补"原则

空管教育培训体系是个复杂的系统,因此必须用系统论的观点去设计和构建,既要考虑宏观总体构架的完整性,又要考虑微观要素(包括课程体系、人才培养模式、人才培养层次设计等)的合理性,坚持"整合资源,互利互补"原则。

近年来,军民航空管人员教育培训体系已有了长足的发展,整合了师资力量和教学设备资源,培训规模和培训质量有了一定的提高,但与航空发达国家对空管人员教育培训的投入相比,我国在空管人员教育培训投入上还需进一步加强,统筹考虑教育体制、科学技术、国家财政以及空管人才需求等因素,重视空管教育资源的投入和整合,达到互惠互利的目的。美国、法国、瑞典和德国都采取了军民航空管人员统一培训的方式。例如,瑞典空中导航服务商(LFV)在向管制学员提供的8~25周过渡性培训中,按照统一的教育内容和考核标准对军民航空管人员进行教育培训,随后根据工作性质对管制学员进行分流,对于以后要到军用机场或军民合用机场工作的军航管制学生,再安排其学习8周左右的军方运行程序课程。这种军民航统一培训的做法,可以整合军民航资源,统一标准,实现空管人才军地兼通,军民共用。

坚持"整合资源,互利互补原则"要广泛开展交流合作,实现资源的最优化配置和利用。空管教育要大力倡导有经济实力的空管实体支持院校建设

开放型的工程研究中心或工程实验室,吸引院校师生以及一线的管制员和技术人员共同开展跨学科的技术研究与开发,为促进空管教育成果迅速转化为民航的现实生产力及部队的战斗力创造条件。军民航空管院校应进一步加强国际间的交流合作,积极开展与航空发达国家之间的交流合作。各军民航空管院校应定期选拔学员前往国外学习空管先进模式和经验,聘请国外经验丰富的管制教员授课。

第三节　空管教育改革主要内容

为顺应国际空管教育发展趋势,实现空管教育改革目标,空管教育改革与发展要以后疫情时代的环境、条件、技术为新坐标、新起点,以"新工科"为教育理念,构建学科体系,改革培养模式,重新规划工作场景,设计人才培养目标,模式和实现路径,以满足国际民航业竞争的需要,空管教育制度创新的需要和空管人员整体素质提升的需要。

一、构建学科体系

目前,基于管制员工作经验的粗放型空中交通管理体制,认为空管系统仅是先进通信导航监视设备与管制员技能的组合,很大程度上制约了空管学科发展。未来的空管体制将发生大变革,国际民航组织在《2016—2030年全球空中航行计划》中提出了基于航迹运行的精细化空中交通管理模式。该模式基于对空中交通运行规律的科学把握,将带来空管体制的重大变革。这就亟需我们挖掘空中交通中蕴含的科学问题,梳理关键技术,构建空中交通工程学科,以学科体系指导人才培养体系建设。目前国内空管专业院校对空中交通工程学科问题的认识还不够清晰,研究方向分散,研究水平不高,尚未构建科学的学科知识体系。

学科构建应借鉴地面交通工程学理论与方法,结合空中交通运行特点,明确空中交通工程学的研究对象、研究内容和研究方法,梳理出空中交通工程学的定义、科学问题和关键技术,形成空中交通工程学科知识体系和研究范式,奠定空管特色学科发展基础,形成学科发展模式。

学科建议应该根据未来空管行业发展趋势,明确专业设置和办学方向,形成以本科教育为主、研究生教育为辅的人才培养路径;加强师资队伍建设,形成军民航专职教师、社会师资、行业专家为体系的职称合理、能力突出的空管学科师资团队,增强学科和专业实力;加强学科/专业实验室、科研平台、实验/实习基地建设,支撑空管特色专业建设和学科建设;围绕空域运行安全、无人运输系统等发展方向,凝练空管学科方向,聚集发展力量;持续开展空管教育教材修订工作,推动空管教育质量的提高和逐步统一。

二、统一教育体系

教育体系是教育机构与教育规范的结合体、统一体,它由教育的规范体系与教育的机构体系所组成。当前空管教育体系尚不统一,军民航教育体系分属于不同的管理部门,有着不同的教育规范体系。

(一)建立统一的空管教育体制

教育管理体制是指各级教育领导的隶属关系、工作关系、工作范围、职责、权限管理方式以及实施措施。建立全国统一的空管教育体制,应结束长久以来军民航空管教育各自为政的局面,将国家空管教育纳入国民教育体系,明确中央空管委、教育部、空军以及民航局等部门在国家空管教育改革发展中的地位、职责、权限等,强化各个部门之间的沟通协调,培养高质量高水平的空管人员。

1.中央空管委协调推进

中央空管委在空管教育改革发展中具有举足轻重的作用,能够有效协调军民航之间的冲突和矛盾,化解互相之间的利益纠纷,实现空管教育资源的最优化配置。另外,国家空管委能够协调我国各军民航院校齐心协力推进统一空管教育机构的设置,统一空管教材建设,统一空管人才规范标准的制定,提高我国空管教育质量,提升我国空管人员的整体素质。因此,中央空管委在空管教育体制建设改革中处于核心的地位,对全国空管教育的发展有着巨大的协调推进作用。

2.教育部统筹规划

教育部能够统筹规划管理协调各高校教育工作的具体实施。进行空管教育体制改革建设必然需要将空管教育纳入国民教育体系,由教育部进行统筹规划,实现空管教育管理的有序和高效。

3.军航及民航管理机构支撑

随着军航力量的不断发展,民航事业也不断开创新局面,空管教育的改革发展成为军民航关注的焦点。一方面,军民航在空管教育与培训过程中具有组织和指导的作用。另一方面,军民航是空管教育的服务对象,是空管教育的重要受益者和承担者。军民航既是空管教育的用人单位,也是空管教育的重要监督单位和支撑单位。

空管教育的人才培养规模,人员整体素质需求等都与军民航的需求密切相关。军民航空管协调表现了空管系统的运行效率,是空中交通安全高效运行的保证,是空管系统改革发展的重要环节。

(二)创新空管人才培养模式

1.借鉴国际通行模式

学历教育阶段,由国家空管委与国内大学或学院建立合作伙伴关系,这些学校负责空管基础知识教育,学生必须完成大学初始训练项目(CTI),考核通过后才能毕业。技能培训阶段,成立军民航统一的管制技能培训机构。毕业生经过筛选进入培训学院,即可免除理论培训,直接进入管制技能培训。在结束培训并考试合格之后,进入一线管制单位成为见习空管人员,并接受岗前见习和岗前培训。见习空管人员从最简单的管制席位开始见习,逐个放单,在所有管制席位都放单之后,成为认证的职业空管人员。这一过程设置淘汰机制。

2.创新军民通用人才培养模式

当前,军民航空管教育分属不同管理机构,在一定程度上造成人才培养规格的差异和资源的浪费,要实现空管教育的改革完善,需要建立军民航空管通用人才联合培养模式和标准,实现人才培养规格一体化和空管教育资源的最优化配置。

首先,统一军民航管制员的知识结构,建立军民航空管人员初始课程教育统一制度。中央空管委负责制定军民航空管人员初始课程标准与规范,建立空管院校资质认证和定期评估制度,鼓励行业外院校依法、有序开展管制员初始教育,稳步扩大空管专业人才培养规模。

其次,建立军民航空管人员定期交流培训和实习制度。加强培训工作的沟通与协调,建立定期交流培训和实习机制,有助于军民航空管人员掌握和了解对方管制指挥技能和飞行特点,培养军地兼通、军民互用的复合型空中交通管制人才,提高军民航协调工作效率。

再次,深入开展军民航空管融合发展背景下管制员资质互认培训方案的研究,以"资质互认""执照互认"为目标,开展管制基础补差培训和管制岗位补差培训,互相承认空管人员学习和工作经历,并在此基础上进行执照与签注的统筹管理,为军民航未来发展做好人才储备。

此外,建立民航吸引军航退役管制员渠道。我国军航空管人员属于现役军人编制,军航空管人员在达到服役年限后面临退出现役的问题。建立民航吸纳退役军航空管人员制度可以稳定军航空管人员队伍,缓解民航空管人才不足问题,有效解决人才教育培训资源的浪费,为军航空管人员退役转岗提供政策支持。同时,还可建立一线资深管制员到学校长期任教的机制。

探索"管制+飞行"复合型人才培养模式,鼓励在学历教育阶段学习飞行理论相关课程和航空器驾驶技能,有条件的可以考取飞行驾驶私照;对空管专业的毕业生,探索第二学位培养模式。

3. 改进空管人员培训体系

升级空管专业基础培训标准与模式:产学研相结合,丰富空管网络培训资源,建立线上线下有机融合的新型教学模式;建设空中交通管制岗位培训综合管理平台,研究开发基于5G技术的新一代管制模拟机和智能化能力评估工具;积极利用外部优质资源开展联合培养、共建院校等;加强对通用航空、机坪管制等人才培养支持,探索推进专业化、企业化、社会化的培训机制。

做好空管业务与管理培训;开展基于管制员能力的培训与评估,构建管制员全生命周期管理体系,持续做好管制员"+1"培训、调训、英语等级测试以及管制员资质能力排查工作;研究开发管制员心理减压类培训项目;加强管制与通导、气象人员的交流培训,培养具有跨专业融合能力的综合技术人才;持续做好空管系统"2+2"培训等各类综合管理培训;优化"智慧空管大讲堂"课程设计;做好继续教育相关工作,开展多种类学习教育培养;持续做好空管人员在职培训。

(三)建立统一的空管培养机构

建立统一的空管人员培养机构是提升我国空管人员质量的重要手段,也是实现军民航有机协调统一的有效举措。从国际发展趋势看,建立统一的空管人员培养机构能充分利用优势资源进行空管人员的选拔和培养,提高空管人员综合素质,提升航空事业发展的竞争力。

建立全国统一的空管人员培养机构应将已有培养空管人员的院校建设成具有国际先进标准的专业人才培养基地;鼓励和支持航空类和高水平院校培养空管保障专业人员,培养空管专业的高层次人员(硕士、博士研究生);选择适当院校,支持培养低空开放专业服务人员,建立国家低空开放专业人员培养基地;建立全国统一的空管人员培养机构,在民航、空军、海军、陆军分别设立分院,由国家空管委实施统一规划、业务指导。基于空管行业的特性和空管人员属性,空管教育机构应纳入我国国民教育体系,构建全国统一的培养体系,统一规划军民航空管人员的教育与培训,由国家空管委组织整合军民航教育和在职教育体系的现有资源,根据民航各地区空管局和空军、海军、陆军相关机构设立空管教育培训中心,创造与岗位运行一致的教育培训条件,全面提高空管人员的整体素质和行业技能。

(四)制定统一的人才规范标准

空管教育改革和发展需要统一军民航空管人员培养的规范和标准,树立国家培养空管人才的战略思想,通过加强空管法律法规建设,以《中华人民共和国教育法》《中华人民共和国航空法(草案)》《中华人民共和国民用航空法》等为基础,建立健全有关空管人员教育培训和军民航协调等方面的法律法规。统一军民航空管人才培养的标准和规范,主要包括以下几个方面:

(1)制定军民航空管人员选拔、录用标准。管制员作为一个特殊群体,必须具备特殊的心理素质和生理素质。同时,管制员培养属于高投入项目,制定《国家管制员选拔录用标准》,在高校招生和空管单位招聘环节实施心理选拔制度,能够有效减少教育培训资源的浪费,提高人才培养效益,为实现人才的合理配置提供决策依据。

(2)建立统一的管制员执照制度。条件成熟时,将军民航空管执照统一管理,建立双层次的管制员执照制度:第一层次为基础管制员执照,以程序管制为主;第二层次为专业管制员执照,以雷达管制为主。军民航统一管制员执照考试,由中央空管委统一发证。

(3)制定培养初始管制员课程教育的规范要求。制定基础管制员课程教育的统一规范,成为军民航空管初始人员必学的基础知识;制定专业管制员教育的核心课程规范,成为军民航空管专业人员需要掌握的基本要求。

(4)制定管制员在职培训的标准要求。根据管制员执照的要求和实际的需要,分别制定军民航空管人员在职教育标准和考评标准。

(5)建立统一考核认证体系。空管教育应建立统一的考核认证体系:中央空管委设立考核认证中心,负责管制员基础执照考核与空管院校的资质认证;民航地区空管局、空军、海军、陆军设立考核分中心,负责管制员岗位执照考核。

(6)建立空管培训师选拔标准。空管教育应建立军民航统一的培训师选拔标准。中央空管委牵头设立空管培训师培训考核中心,对空管培训师进行定期培训;制定培训师选拔标准,负责空管培训师资质认证;军民航系统设立考核分中心,负责空管培训师资质考核。

三、深化专业内涵建设

空管专业建设是空管教育改革发展的核心和突破口,是为满足从事空管事业发展所必须接受的教育与训练需要而设置的,是空管教育特色的重要表征。基于空管的行业特点和教育属性,应深化空管专业内涵建设。

(一)创新学历教育模式

1. 树立适度超前观念

当今世界航空科技发展日新月异,空管新装备、新理念、新方法不断涌现,为了跟上时代发展的步伐,适应未来空管工作的需要,必须加强对空管新设备、新理论、新方法、新理念的教育,特别要突出对无缝数据通信、全时空导航、精确定位监视、信息共享交互等新技术、新理论、新方法的教育。此类教育可采用"走出去、请进来"的方法,选拔有发展前途的业务骨干进院校短期培训或派出参加相关企业或科研机构举办的专题培训,参加此类培训的人员应进入后备人才库,为今后的发展储备人才。也可以采用定期请院校专家教授或科研院所的技术专家到管制一线讲课,让更多的一线管制员接收新知识新理论,为将来更好地胜任工作积攒后劲。

2. 丰富空管学历教育培养模式

建立多层次人才培养模式,逐步开展本硕连读、硕博连读或直博等模式,增加保研名额,组建小规模的实验班,加大公共基础、学科基础,弱化专业技能,增强发展后劲,完善进入、过程、退出机制,鼓励继续深造。

本科实验班:以"大工程观"为教学理念,通过交通运输工程、管理科学与工程、安全科学与工程等学科相关基础理论课程的学习和专业应用能力的训练,培养能够适应国内外空管发展需求,具有健全的人格和严谨的工作作风,掌握系统的管制运行控制、流量管理、空域规划、安全管理等理论基础,具有较强的工程实践能力、工程设计能力和工程创新能力,能够从事空中交通管理、空中交通流量管理、空域规划、空中交通安全管理等相关技术工作的高级人才。

本硕连读:立足空管领域,加大公共基础、学科基础,弱化专业技能,使受教育者通过对空中交通信息技术与应用系统、空中交通管制运行建模与仿真、空中交通信息安全分析、航空情报管理、空域规划与管理的学习和专业能力训练,具备从事空中交通信息工程及控制学科研究工作和工程开发的理论知识结构和能力结构,能够对交通运输系统进行合理规划和综合评价,对交通运输系统运行过程科学管理,优化系统资源配置,实现民航交通运输管理现代化。

硕博连读或直博:培养在空管领域掌握坚实宽广的基础理论和系统深入的专门知识,具有独立从事科学研究工作的能力,在空管技术上做出创造性成果的高级人才。

开展留学生培养:面向"一带一路"国家开展空管人才培养,促进中国与"一带一路"沿线各国民心相通,解决沿线各国空管人才短缺的问题,增加空管专业国际化人才培养的影响力。

（二）改革空管课程体系

借鉴国外空管教育改革的先进经验和优秀模式,基于对空管人员的知识结构,能力结构及素质结构的分析分解,空管课程体系以新工科教育理念为核心,着重按数学与自然科学类课程、工程基础类课程、专业基础类课程和专业类课程的结构进行空管课程体系的设置编排。

（1）加强数学与自然科学、工程基础类课程安排。新工科和工程教育理念以及民航业未来发展方向要求空管人才能够将数学、自然科学、工程基础和专业知识用于解决复杂工程问题。数学、自然科学和工程基础类课程是培养学生解决复杂工程问题所需的知识和能力的基础课程。因此,数学与自然科学、工程基础类课程的安排应该能够针对复杂工程问题,将数学、自然科学、工程科学的语言工具用于工程问题的表述、数学推演和方案求解,能够开发、选择与使用恰当的技术、资源、现代工程工具和信息技术工具,包括对复杂工程问题的预测与模拟,并能够理解其局限性。

(2)优化专业基础类课程。通过修订空管专业基础类课程教学大纲,优化空管专业基础课程授课内容和教学要求,确定符合空管教育培训相关规则要求的基础课程教学知识点,指导开展基础课程的教学。加强空管新技术教育。在教学过程中,应主动面向智慧民航和智慧空管发展对人才知识体系的要求,扩大空管新技术教育内容,开发完善新知识、新技能培训课程,着力打造人工智能、大数据、物联网等一批数字化的精品核心课程,完善空管专业基础教学内容,持续修订培养计划和空管专业教材,对新知识、新技术、新规定和新规则的内容要及时加以补充、消化和吸收。

(3)强化专业类课程实践技能安排。首先,按照空管相关培训规则,确定管制基础模拟机的教学知识点,指导加强实践课程的开发与建设。其次,按照空管岗位要求,建立模拟机实践课程体系,配备数量足够的模拟机设备;大幅度增加模拟机教学学时,编写完善教材和练习;培养技能熟练的空管模拟机实践教学师资,加大聘请资深空管人员参与教学的力度。再次,修订“空管专业学员生产实习大纲”和“空管专业本科学员毕业设计大纲”;建立学员实习基地,落实到空管实践岗位的实习;毕业设计注重知识的实际应用,注重与岗位实习相结合。

四、完善保障机制

制度与机制建设是空管教育顺利实施的重要保障。空管教育改革的根本是完善空管教育相关制度,完善空管教育机制构建,理顺空管教育的实施模式。

(一)选拔淘汰机制

1.完善选拔机制

管制员作为一个特殊群体,必须具备特殊的心理和生理素质,航空业发达国家的空管人员教育培训机构在招收管制学员过程中均有一套严格的选拔机制,这样就在源头上过滤了不适合从事管制工作的人,保证了管制学员的生源质量,同时也避免了教学资源的浪费。

我国应该积极改革管制员选拔机制,在高校招生和空管单位招聘环节实施严格的选拔程序,筛选出高质量人才,提高培养效益。

(1)制定选拔标准,指导院校空管专业学员的招生与选拔工作。制定《国家管制员选拔录用标准》,其内容应包括:数字敏感度、空间想象感、团队协作意识、瞬时记忆力、身体素质、心理素质、普通话能力、英语能力和航空知识水平等方面。

(2)加大空管行业宣传力度,扩大招生渠道和规模。通过电视访谈、媒体报道、宣传漫画等多种形式对空管行业进行宣传,使社会熟悉空管的职能任务、岗位性质、人员素质要求等,吸引高素质的有志青年报考空管专业。军队可以出台相关政策鼓励民航院校大学毕业生参军入伍,献身国防。

(3)改变选拔程序,进一步完善现有选拔体系。选拔内容应包括体检、机试和面试三个模块。积极申请将空管类专业列入教育部"国控专业",力争实行特殊招生选拔方式。参照飞行员选拔程序,实现提前利用科学的选拔测评系统对管制学员进行单独招收,把好管制学员选拔的第一关;完善空管专业校内分流选拔培养学员模式,探索二次选拔模式;建立空管部门提出培养要求,院校按需培养的机制,实现按计划有序选拔培养。

2.完善淘汰机制

在教育培训过程中,完善的淘汰机制是培养高质量管制员的重要保障。国外管制员在培训过程中保持着很高的淘汰率,如美国管制员从招聘到获得执照的比率为 $100:10:6:4$,即 100 人应聘,录取 10 人,学习中淘汰 4 人,剩 6 人,工作中淘汰 2 人,4 人拿到执照。我们也应借鉴国外的经验,在把好入学关的同时,在教育培训过程中引入分步淘汰机制,在教育培训过程中,对因学习成绩或身体等原因达不到标准的学员,应坚决予以淘汰,并安排其学习其他专业;空管单位应当建立员工个人技术档案,把他们接受的各种培训、见习的内容和进度、学习成绩、工作能力和表现都记录在档案中,形成优胜劣汰的竞争机制,挑选优秀的员工参加进修和学习,重点培养,同时淘汰不适合从事空管工作的管制员,安排其从事其他专业工作。

(二)条件保障机制

(1)实体保障。在军民航管制部门建立稳定规范的学员实习基地和培训中心,并将其纳入空管教育培训体系加以规划和建设。军航应选择飞行繁忙、飞行矛盾突出、空管设备先进的热点地区的管制中心建立学员实习基地,类似医学教育或师范教育的实习医院或学校,为在校学员的实习提供实习场所;民航要完善各级培训中心的建设,规范培训标准、教材建设和师资建设。

(2)经费支持。经费是任何一项教育活动实施的物质前提,空中交通管制作为高投资、高风险的行业,其教育更需要充足的经费支持,以保障日常教育活动的顺利开展与实施。经费支持包括三个方面:首先,鼓励支持空管部门与军民航院校开展专业教学科研活动,并且对相关研究工作给予经费支持;其次,加大空管教学投入,完善项目申报方式,增大对军民航院校空管专业基础条件建设和模拟机等实验设备投入;再次,建立相关监督机制,监督军民航院校空管专业经费使用。

参 考 文 献

[1] 袁贵仁.努力办好人民满意的教育——在教育部党组学习贯彻党的十八大精神扩大会议上的发言[J].人民教育,2012,(23):5-8.

[2] 教育大辞典编纂委员会.教育大辞典[第1卷][M].上海:上海教育出版社,1990.

[3] 周建,何香梅,周启,等.国外空管教育模式研究[J].中国民航飞行学院学报,2020(5):5-8+12.

[4] 国家空管委办公室.空管行业术语[M].北京:科学出版社,2012.

[5] 李秉德.教学论[M].北京:人民教育出版社,1991.

[6] 赵嶷飞,肖瞳瞳,万俊强.中国民航空中交通管制体制演化[J].交通运输工程学报,2020,20(2):100-120.

[7] 茅顺平.对我国民航空中交通管理系统建设的建议[J].内部文稿,1999(9):22-23.

[8] 刘继新.人为因素与空中交通管制员素质优化[J].南京航空航天大学学报(社会科学版),2007(2):65-68.

[9] 闫永刚.建立中国民航空中交通管制自主培训体系的思考[J].中国民用航空,2015(10):3.

[10] 刘绪昕,陈宇.从一线运行需求出发探讨管制员养成教育[J].中国民用航空,2008(12):26-27.

[11] 唐卫贞.论民航管制员教育培养理念的创新[J].人民论坛,2010(20):278-279.

[12] 王超,徐肖豪.国内外空中交通管制专业教育的比较分析[J].大学教育,2015(2):28-30.

[13] 王艳军.空中交通管理专业人才差异化培养模式研究[J].学园,2019(12):14-15.

[14] 黄荣怀,胡永斌,杨俊锋,等.智慧教室的概念及特征[J].开放教育研究,2012,18(2):22-27.

[15] 聂风华,钟晓流,宋述强.智慧教室:概念特征、系统模型与建设案例[J].现代教育技术,2013,23(7):5-8.

[16] 冯端.实验室是现代化大学的心脏[J].实验室研究与探索,2000(5):

空管教育概论

1-4.

[17] 刘国买,谭轶群.加强实习基地建设.深化实践教学改革[J].实验室研究与探索,2002(4):132-133.

[18] 金宇.浅析军民航空管人员养成训练差异[J].内江科技,2012(7):6-7.

[19] 毛剑英.军航管制参谋应具备的素质和能力[J].辽宁工业大学学报(社会科学版),2014,16(3):85-87.

[20] 杨新元.简析航空管制员心理素质培养[J].技术与市场,2011,18(3):141.